重塑数据可信流通
——数据空间：
理论、架构与实践

刘　东／编著

人民邮电出版社
北　京

图书在版编目（CIP）数据

重塑数据可信流通：数据空间：理论、架构与实践 /
刘东编著. -- 北京：人民邮电出版社，2024. -- ISBN
978-7-115-65123-5

Ⅰ. TP274

中国国家版本馆 CIP 数据核字第 20242SU871 号

内 容 提 要

本书系统地介绍了数据空间的基础知识、技术架构、应用案例以及未来发展趋势等知识，旨在为读者呈现数据空间的全貌并指导其在实践中落地，以加速数据流通，提升数据价值。本书不仅仅是一个概念性的指导框架，同时还是一个具有实践价值的操作手册，为未来发展提供探索思路。

本书面向的读者群体广泛，包括数据管理者、政策制定者、技术研发人员以及学术研究者等。

◆ 编　著　刘 东
　　责任编辑　李彩珊
　　责任印制　马振武
◆ 人民邮电出版社出版发行　　北京市丰台区成寿寺路 11 号
　　邮编　100164　　电子邮件　315@ptpress.com.cn
　　网址　https://www.ptpress.com.cn
　　北京天宇星印刷厂印刷
◆ 开本：787×1092　1/16
　　印张：10.5　　　　　　　　　2024 年 10 月第 1 版
　　字数：167 千字　　　　　　　2025 年 4 月北京第 3 次印刷

定价：99.80 元

读者服务热线：(010)53913866　印装质量热线：(010)81055316
反盗版热线：(010)81055315

序

自人类文明兴起，信息与知识就成为社会发展的源动力。最近一个世纪，随着信息技术的演进，人类积累的数据量快速增长，数据已不仅是现实世界的映射，更成为未来 AI 世界的基石。然而在现实应用中，"数据孤岛"现象依然严重，数据要素整合利用程度不高，如何在保障数据所有权和个人隐私的同时，实现数据的有效流通和高效利用，解决数据不敢共享、不愿共享、不会共享的难题？阅读本书可以找到这个答案。

数据空间作为数据共享流通的主要技术路线，在全球范围受到广泛关注和支持。简单来说，数据空间能够构建开放的数据市场，建立充分的流通信任机制；数据空间能够将与国家法规、行业政策、企业要求相关的规则转化为可执行的技术策略，确保其有效实施；数据空间能够纳入生态系统的各个参与方，并通过技术手段实现对各自数据流通的使用控制；数据空间还具有可扩展性，支持与 IPv6、区块链以及隐私计算等技术的融合应用与迭代，适应不同场景中的动态需求……

本书的完成感谢国际数据空间协会（International Data Spaces Association，IDSA）、弗劳恩霍夫研究所（Fraunhofer-Institute）、澳门科技大学、香港科技大学（广州）、海尔、华为、日本电报电话公司（NTT）、Catena-X、思爱普（SAP）等机构的大力支持，同时感谢许多业界专家和同行的智慧和

·1·

力量。我同时作为 IDSA 战略咨询委员会副主席，深感荣幸能够将先驱者的知识和经验集结在此，详细解读数据空间的理念与技术实践。书中我尽量详尽地论述了数据空间的各个维度，包括数据空间的基础理论、关键技术、实施步骤、案例分析等内容。希望通过这本书，读者能够更好地理解数据空间的概念，掌握构建和维护数据空间的有效方法，并在实践中避免常见的误区。

值得一提的是，2023 年我与全球业内同人曾共同提出"凝聚统一共识，推动互联互通，鼓励包容创新，加速应用实践，完善生态构建"的《数据空间发展倡议》，借本书我也再次倡导数据空间产业的全球生态伙伴在倡议的基础上，深耕数据空间的技术研发和标准制定，推动全球数据空间的快速发展和应用，促进数字经济的繁荣和未来社会的进步。

本书只是一个开始，数据空间的探索和实践不会止步。我期待不久的将来，能够有更多的企业数据空间、行业数据空间、区域数据空间、国家数据空间乃至个人数据空间能够涌现并蓬勃发展，全面加速数据共享流通，为全球数字经济的繁荣和社会进步贡献力量。

刘东

2024 年 5 月

目 录

第1章

数据空间：数字经济时代下的软基础设施

数据空间（Data Space）是基于共同约定原则进行数据共享流通的分布式数据生态系统基础设施，其概念最初于 2005 年在美国计算机科学领域被提出。本章主要分析数据空间的理念以及解决的核心问题，同时也阐释了数据空间的设计原则、架构要求和建设路径等内容。

1.1 数据空间的理念

当今，数据正在成为一种战略资源，数据流通和数据交换是企业在市场上成功的关键，安全高效地访问和处理数据对于全球经济和社会的发展至关重要。与此同时，随着计算机处理数据体量、交换需求和多组织间数据管理需求的增长，寻找正确的、业务需要的数据越来越困难，采用数据湖等集中存储数据并进行分析的数据管理系统面临挑战。因此，分布式的、具有动态协调功能的"数据空间"数据流通架构应运而生。

为了使数据发挥其最大的潜力，数据必须能够跨企业、跨行业流通及应用。数据空间定义为"基于共同约定原则进行数据共享流通的分布式数据生态系统基础设施"，是当前数据共享交换的主要技术路线之一，将广泛适用于产业链上下游、特定行业生态圈或者多区域之间各主体经常性地共享数据的场景。数据湖与数据空间架构如图 1-1 所示。

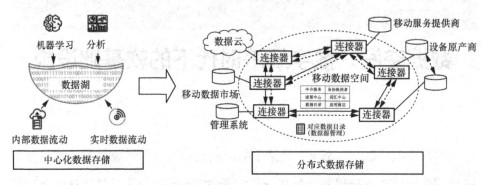

图 1-1　数据湖与数据空间架构

数据空间理念仅在技术架构上提供统一遵循，具体的建设决策方可在基础架构之上通过共同制定标准和协议等进行开发和部署，以适应具体应用场景的需求。数据空间的参考架构如图 1-2 所示。

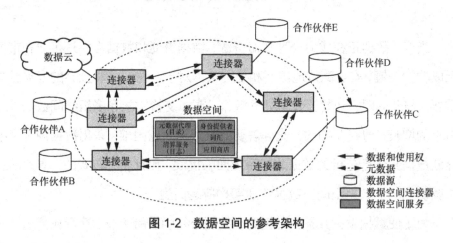

图 1-2　数据空间的参考架构

在数据空间中，重要的不再是集中存储所有的数据，而是确保应用程序能够以正确的方式接收和使用正确的数据。数据空间提供了便于数据共享流通的分布式数据管理架构，参与者不再需要将其数据进行集中存储和处理，而是可以通过生态系统中的服务和技术组件进行分布式的数据清洗、数据格式转化等数据处理，数据目录、元数据描述等数据发布和查找，以及基于使用条件和智能合约等的数据共享交易。数据空间能够为数据共享提供充分的信任，数据价值链上的参与者可通过取得数据空间的身份认证、遵守数据空间统一的数据使用规则和政策以及接入数据空间的标准化接口，保留其对数据是否流通、流通给谁、如何流通、何时流通、以何种价格流通的自主权。数据空间也充分考虑了国家/区域层面、行业层面，以及参与者之间的相关政策、法律和规则，并将规则转化为可以通过软件执行的策略，因而可以应用于企业内部、企业之间、城市公共管理，甚至跨国的数据共享行为。

目前在全球范围内已有众多基于数据空间技术架构的跨部门、跨行业、跨司法辖区的数据共享流通用例。数据空间的未来发展前景广阔，进一步深化数据空间技术，将加速推动数据应用和创新发展，为各行各业带来更多机遇和价值。

1.2　数据空间与数据要素流通问题

目前，数据要素流通存在几大核心问题：不敢共享、不愿共享、不会共享。不敢共享，是指共享中的法律和安全责任如何明确以及安全责任如何分配的问题；不愿共享，是指共享后数据收益如何计算以及如何划分的问题；不会共享，是指数据共享的标准、格式如何确立，各个技术方案如何增强互操作性的问题。

数据空间技术架构可从数据流通共享机制、数据自主权、数据互通和互操作性、数据流通共享的可信环境 4 个方面为数据要素流通的核心问题提供解决方案。

（1）提供高效合规的数据流通共享机制

数据空间通过规范化、标准化和自动化的数据交互流程以及分布式的数据流通架构，确保了在共享数据的过程中，数据符合法律、政策和行业要求。参与者可以依据数据空间提供的规则和流程，在不需要集中存储数据的前提下，安全地共享数据。这通过明确法律和安全责任解决了"不敢共享"的问题。

（2）保障参与者的数据自主权

数据空间允许参与者授予、撤销、更改访问权限，以及指定新的数据访问和使用条件。参与者可以有效地管理自己的数据，决定是否共享、共享给谁、以何种方式共享、何时共享以及以何种价格共享。这通过更清晰地计算和划分数据共享后的数据收益解决了"不愿共享"的问题。

（3）提供数据互通和互操作性

数据空间为所有参与者提供统一的法律、技术和运营协议，使参与者之间能够以相同的方式进行数据交互。此外，数据空间提供统一的"词汇表"，使参与者能够以共同的方式描述数据，实现了统一的数据标准。这通过为参与者提供可使用相同的语言和协议解决了"不会共享"的问题。

（4）提供数据流通共享的可信环境

数据空间通过身份管理、认证、智能合约等技术工具，建立了参与者之间的信任锚。这确保了参与者可在一个安全可信的环境中进行数据的共享、流通和交换。

1.3　数据空间的设计原则

数据空间包括四大设计原则，即数据自主权、数据共享和交换的公平竞争环境、互操作性和协同治理，共同构建了一个可持续、开放和互联的数据空间生态体系，促进了数据的合理使用和数据价值的最大化释放。

1.3.1　原则一：数据自主权

数据自主权是指自然人或法人对其数据独立自主决定的能力，能够使用与管理自己的数据，是数据空间的核心创新和变革概念之一。

对于数据空间的参与者来说，数据自主权意味着两件事情：一是享有更佳地查看、处理、管理和保护其数据的可能性；二是在向其他方提供访问权限时，保持对其数据的控制。

与数据保护相关的法律法规授予了个人决定数据处理者对其个人数据操作和不操作的权利，数据空间将为个人提供行使权利并控制其数据的工具。数据空间不仅为个人提供服务，也为公司、组织及其数据提供服务。数据空间将推动各种工具的开发，以便于数据进行共享、交换和访问，满足特定行业的需求。在使用数据空间所提供的工具过程中，数据访问者有权利要求其保持透明度，获悉其数据存储的位置以及相应的访问权限。数据空间工具将为用户提供授予、撤销同意、更改访问权限以及指定新的数据访问和使用条件的途径。此外，用户可以将管理其数据的权利外包给第三方（如数据中介），就如同个人或组织将其财务管理权外包给金融机构一样。

用户可以掌控自己的数据，并且数据可以在不同供应商之间流动。用户可以在不失去数据的情况下更换供应商，被供应商绑定将成为过去时。数据自主权带来的数据共享应用如图 1-3 所示。

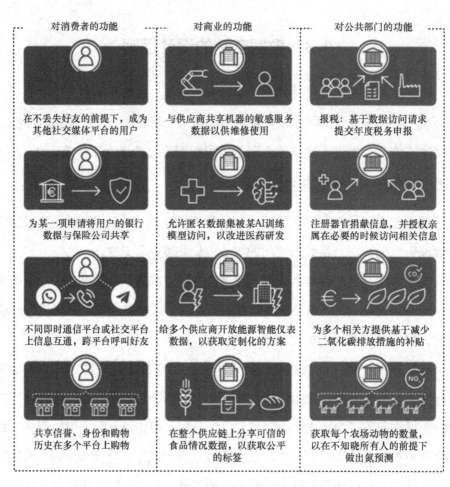

图 1-3　数据自主权带来的数据共享应用

1.3.2　原则二：数据共享和交换的公平竞争环境

数据空间致力于创建公平的竞争环境，以促进数据的共享和交换。该原则能促使新的加入者无须面对由垄断引发的数据共享与交换障碍。在数据公平竞争的环境下，参与者可以基于服务质量进行竞争，而非基于其所控制的数据量。公平的数据竞争环境是推动数据共享经济的前提。

随着实际生成数据的各方重新获得控制权，大型垄断企业将不再有机会成为唯一的"数据所有者"。用户将有能力携带其数据，并在保留所有联系信息、聊天历史记录、获得的信誉等的前提下，顺利地迁移到另一个服务提供商，就如同"携号转网"一样，更换社交平台并保留原来的好友，这将降低新玩家进入市场的门槛，激发公平竞争。对于老牌企业和中小型企业尤其重要，可激发企业利用自身掌握的数据来创建新服务和推动创新的能力，同时这也将改变大型企业与平台在进行权力博弈中的地位。

在互联网发展的早期，没有人能预料互联网真正的创新在于它改变了人们的日常生活方式。互联网使用户可以全天候保持连接，随时随地购物和管理日常生活的各个方面。在短短的二十年内，互联网及信息化基础设施被广泛采用并开创了一个无限可能的新空间。统一的国际信息通信标准[如互联网的超文本标记语言（HTML）、移动通信的全球移动通信系统（GSM）]促进了全球合作，人们已经习惯了使用智能手机在任何地方打电话、发短消息等。

同样地，数据空间将改变数据共享和交换的行为及方式。用户将更加注重把自有的数据视为一种资产。尽管用户已经清楚地了解他们自有的数据具有价值，但他们几乎没有采取举措来发挥数据的价值。其中，缺乏估值的标准和控制数据的工具是数据资产化面临的挑战。只有当用户拥有控制自有数据的手段和工具时，才能真正将其视为自有资产。这同样适用于组织实体，数据空间将推动组织实体利用其掌握的数据，开发出新的服务和新的商业模式。

1.3.3　原则三：数据空间的互操作性

虽然数据空间解决了特定领域数据共享面临的挑战，但数据空间内部及数据空间之间应该能够相互连接，这就需要特别关注互操作的挑战。现有的一些案例已经在促进特定领域和行业内的数据共享和交换方面发挥了作用，每个案例都遵循自己的方法，但是它们之间无法实现互操作性。因此，数据空间建设的一项重要任务是建立互操作性。

行业领域数据空间之间的互操作性至关重要，原因有二。其一，个人或组织不仅归属于单个数据空间，而且同时在不同的数据空间中进行交互。如果数据空间之间存在"信息孤岛"，那么用户将不得不适配不同的解决方案，这将导致碎片化、高集成成本和市场参与者的垄断行为。其二，数据空间应用不应仅限于"数据孤岛"。为了组织和个人利益的最大化，应当防止数字经济的分裂化。

通常情况下，基础设施是各供应商提供服务的基础。比如，在GSM基础设施中，所有电信公司都使用基站传输标准化信号，并且它们都使用相同的标识符（电话号码）来通话，使用特定的商业合同来结算彼此之间的财务收支。对于数据共享和交换，物理（或硬件）基础设施（如电缆、数据中心等）是标准化的，然而，参与者之间的互动方式并未标准化。因此，需要一种数据空间的"软"基础设施，来实现数据的交互。

一些重要基础设施的构成示例见表1-1，包括硬基础设施和软基础设施。历史上，国家及其公民的财富是建立在基础设施之上的，并随着时间的推移，在公共利益和私人利益之间达到了平衡。在数据共享和交换方面，许多领域依赖于具有垄断特征的特有的管理方案。这种状况的一部分原因可以追溯到互联网的早期阶段：互联网只关注协议交互的标准化，随着身份管理要求成为互联网的主要功能特征，诸如身份识别、认证、授权等标准化需求的功能元素由特定的部门来商业化运作并实现，并迅速被大型垄断公司采用。现在，数据空间需要在标准化的领域平衡公共与私人利益，其中可互操作是平衡公共和私人利益的重要先决条件。

表 1-1　重要基础设施的构成示例

应用领域	硬基础设施	软基础设施
通用	物理	如关于数据如何处理的协议
数据	电缆、数据中心	数据空间软基础设施
身份	电缆、数据中心、服务器	信任级别、流程、法律协议
支付	支付卡和销售终端（POS）	法律协议、退款流程
邮件	光纤网络、服务器、电缆	电子邮件客户端、邮局协议（POP）和交互邮件访问协议（IMAP）
互联网	光纤网络	互联网协议（IP）
移动通信	移动通信基站	全球移动通信系统、手机号作为地址身份、法律协议、交易结算
电力	电力电缆	220V 电压、通用插座设计
火车	物理轨道	物理轨道的使用权、运营协议
道路	物理道路	靠右行驶、道路标志的含义

数据空间应能提供能够实现数据互操作性的软基础设施。软基础设施由技术中立的协议和标准组成，规定了组织和个人参与数字经济的方式，以及根据共同同意的规则和指令进行行事和行为的方式。由于所有参与者实施了相同的最小功能、法律、技术和运营协议和标准，因此无论他们处于何种数据空间下，都可以用相同的方式进行交互。构成软基础设施的组件及功能元素各司其职，能力互补，因此从一开始就应该对协议和标准进行整体性设计，使数据空间具备耦合性。在建立符合特定行业需求的数据空间时，需要用行业特定的措施对数据空间软基础设施进行补充。这将形成一个堆叠的、基于角色功能需求的架构。

每个数据空间的组成部分都包含构建模块和角色，通常情况下，众多数据空间的关键构建模块是有共性的，因此共性部分成为通用软基础设施的一部分。例如，互联网的 HTML 或移动通信的 GSM，标准的数据模型和应用程序接口（API）将成为数据空间软基础设施的重要组成部分，除此之外，构建模块中的某些元素需要定制，以适用于行业特定的数据空间。数据空间软基础设施的堆栈式架构如图 1-4 所示。

值得注意的是，图 1-4 所示的堆栈的内容仅供参考，在实际实施中可能会有所变化。该概念图根据数据空间的设计原则描述了一般的构建模块（按互操作性、信任、数据价值和治理分类），架构的堆栈为在构建块内进行定制化提供了余量空间。

通过软基础设施实现数据空间之间的互操作性和用户数据自主权是关键，以解决当前数字经济中少数供应商主导和数据控制权集中在少数人手中的情况。软基础设施的建设将促进分布式和公平竞争的数据共享和交换环境的形成。

1.3.4　原则四：协同治理

我们正处于数字经济进化发展的历史性十字路口，这一时刻可以与 20 世纪 80 年代引入 GSM 标准在电信领域产生的影响相比较——GSM 标准的引入实现了电信领域的去中心化、创新、竞争和普及的加速。40 年来，互联网基础设施在各方力量的推动下不断完善。在数据作为数字经济发展的主要驱动力下，平衡个人利益和公共利益，创造下一个类似"GSM 时刻"的里程碑，这既需要有国家及地区相关公共利益主管部门的政策带动和引导，也需要激活数字经济各参与主体的积极性，共同推动数据空间的建设[1]。

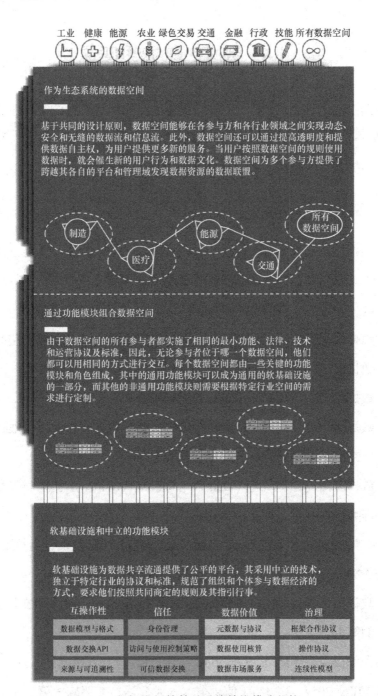

工业　健康　能源　农业　绿色交易　交通　金融　行政　技能　所有数据空间

作为生态系统的数据空间

基于共同的设计原则，数据空间能够在各参与方和各行业领域之间实现动态、安全和无缝的数据流和信息流。此外，数据空间还可以通过提高透明度和提供数据自主权，为用户提供更多新的服务。当用户按照数据空间的规则使用数据时，就会催生新的用户行为和数据文化。数据空间为多个参与方提供了跨越其各自的平台和管理域发现数据资源的数据联盟。

制造　医疗　能源　交通　所有数据空间

通过功能模块组合数据空间

由于数据空间的所有参与者都实施了相同的最小功能、法律、技术和运营协议及标准，因此，无论参与者位于哪一个数据空间，他们都可以用相同的方式进行交互。每个数据空间都由一些关键的功能模块和角色组成，其中的通用功能模块可以成为通用的软基础设施的一部分，而其他的非通用功能模块则需要根据特定行业空间的需求进行定制。

软基础设施和中立的功能模块

软基础设施为数据共享流通提供了公平的平台，其采用中立的技术，独立于特定行业的协议和标准，规范了组织和个体参与数据经济的方式，要求他们按照共同商定的规则及其指引行事。

互操作性	信任	数据价值	治理
数据模型与格式	身份管理	元数据与协议	框架合作协议
数据交换API	访问与使用控制策略	数据使用核算	操作协议
来源与可追溯性	可信数据交换	数据市场服务	连续性模型

图 1-4　数据空间软基础设施的堆栈式架构

1.4 数据空间的架构要求

数据空间的建设提出了 3 项架构要求，分别是可信的数据生态系统搭建、数据共享的有效和高效实现、对法律法规和政策规定的支持。数据空间的利益相关者基于架构要求，形成数据空间生态体系。

1.4.1 架构要求分析

对利益相关者及其关注点的定位及需求分析对于符合预期目的的数据空间建设非常重要。以下是数据空间的利益相关者。

- 数据消费者（Data Consumer）：访问数据空间以使用数据。
- 数据提供者（Data Provider）：收集和管理数据，并在数据空间中提供数据。
- 数据生产者（Data Producer）：创建数据。
- 数据所有者（Data Owner）：拥有对数据的访问和使用权限，可以授予或撤销数据访问、使用的相关条件。
- 数据应用程序提供者（Data Application Provider）：提供转换数据、处理数据或数据可视化的应用程序。
- 数据平台提供者（Data Platform Provider）：提供运行数据平台的能力。
- 数据市场提供者（Data Marketplace Provider）：提供使数据市场运行的能力。
- 身份提供者（Identity Provider）：提供参与方身份验证和授权的能力。

ISO/IEC 20547-3:2020（信息技术－大数据参考架构－第 3 部分：参考

架构）定义了一些利益相关者的类别，也可以使用这些类别代替上述使用的利益相关者的术语。利益相关者不同术语的对应关系见表 1-2。

表 1-2　利益相关者不同术语的对应关系

本书使用的术语	ISO/IEC 20547-3 中的术语
数据消费者（Data Consumer）	大数据消费者（Big Data Consumer）
数据提供者（Data Provider）	大数据提供者（Big Data Provider）
数据应用程序提供者（Data Application Provider）	大数据应用程序提供者（Big Data Application Provider）
数据平台提供者（Data Platform Provider）	大数据架构提供者（Big Data Framework Provider）

上述利益相关者的定位要求数据空间具备以下功能。

- 数据空间应提供有效且高效的数据交换框架，用以支持数据生产者和数据消费者解耦。数据空间应支持采用通用的 API 和安全模式，以及采用 API 兼容的数据模型，以便数据的共享。
- 数据空间应提供对相关数据使用协议的定义和执行（包括数据的交易结算）。这意味着数据空间应具备整合和发布数据、有条件流通数据的能力（包括定价），并能够在数据交换/交易期间强制执行这些条件及要求。
- 数据空间应为数据消费者和数据提供者搭建可信的架构，以便基于共同的价值准则分享商业利益。这意味着数据空间应提供保障数据控制权和商业业务运营的安全能力，包括以工程化的方式部署隐私保护的能力。
- 数据空间应提供遵守特定法规和政策提供基础支持的架构。

以上功能需求对数据空间的架构提出了以下 7 个方面的要求。

（1）要求 A：数据共享赋权——确保对应的利益相关者做出数据共享

决策。

- 数据空间治理，即能够定义和监控数据的共享政策。
- 支持各参与方参与，即能够让各参与方（个人或组织）参与数据共享和交换交易。
- 支持数据自主权，即能够让拥有数据的利益相关者管理其数据的使用。
- 支持联邦架构，即能够将多个数据平台连接起来，且每个平台都保留其自身的操作控制权限。

（2）要求 B：数据共享可信度——确保数据空间按预期运行的关键所在。数据共享应用程序的开发必须支持以下内容。

- 基于安全的设计，即保障数据空间内资产的安全性，支持既定的协议。
- 基于隐私的设计，即在数据平台和数据共享应用程序的开发中纳入隐私保护的考虑。
- 基于保证的设计，即在数据平台和数据共享应用程序的开发中纳入保证或承诺安全和隐私的要求。

（3）要求 C：数据发布——让数据可以被发布，以便数据消费者快速找到。

（4）要求 D：数据共享经济——创造数据共享和交换的条件。

- 非金融激励机制。
- 金融激励机制，包括数据资产化的模型，以及量化数据价值的方法。
- 协议机制。

（5）要求 E：数据共享互操作性——提供所有数据空间应用程序创造、

使用、转移和有效交换数据的能力。

数据空间需要定义支持数据交换 API、数据模型，以及数据模型的数据交换 API，并支持以下内容。

- 语义互操作性，确保各个参与系统了解数据模型的含义。
- 行为互操作性，确保通过数据交换 API 的交互，达到预期结果。
- 政策互操作性，即在遵守适用法律、组织和政策框架的情况下实现互操作性。

（6）要求 F：数据空间工程灵活性——为工程师提供向数据处理应用程序和数据平台添加定制功能的能力。

- 在互操作性方面的灵活性，即以特定的互操作性能力扩展数据空间。
- 在可信度方面的灵活性，即以特定的安全性、隐私保护和保证能力扩展数据空间。
- 在数据处理方面的灵活性，即扩展数据空间的数据处理能力。

（7）要求 G：数据空间社区——促进数据空间解决方案最大限度重复使用的关键所在。

- 开放式的解决方案，即确保数据空间平台和数据共享应用程序基于开放性的规则及规范进行开发。
- 可重复使用性，即确保数据和市场平台以及数据共享应用程序的能力可以复制。
- 开源，即允许社区成员自由访问由社区开发的数据和市场组件。
- 具有可持续的解决方案，即确保将长期提供并维护解决方案。

数据空间设计原则与架构要求之间的关系如图 1-5 所示。

数据空间架构要求	数据空间设计原则			
	数据自主权	公平竞争环境	去中心化软基础设施	协同治理
数据共享赋权	●	○	●	●
数据共享可信度	●	●	●	●
数据发布	●	○	○	○
数据共享经济	●	●	●	○
数据共享互操作性	○	●	●	○
数据空间工程的灵活性		●	●	
数据空间社区	○	●	●	○

图 1-5　数据空间设计原则与架构要求之间的关系

1.4.2　核心架构要求之一：可信的数据生态系统搭建

支持联邦架构是在数据空间中建立信任的核心之一，这要求数据空间可以相互连接多个独立运营的数据平台。

对于在数据空间中如何建立信任，需要解决以下问题。

- 联邦安全管理：各个数据空间的安全管理与全球安全管理要联合协作。为了达到这个目标，数据空间需要采用全球通行的安全管理框架，推荐使用 ISO/IEC TS27110《信息技术：网络安全和隐私保护网络安全框架开发指南》中的指导构建。该框架包括 5 个概念：身份、保护、检测、响应和恢复，需要解决的问题包括访问控制、使用控制、信任管理和身份管理。

- 联邦隐私管理：各个数据空间的隐私管理与全球隐私管理要联合协作。为了达到这个目标，数据空间需要采用通行的框架，可以参考根据 ISO/IEC TS27110《信息技术，网络安全和隐私保护–信息安全框架开发指南》扩展的框架，如美国国家标准与技术研究院（NIST）隐私框架。该框架包括 5 个相关概念：识别隐私、治理隐私、控制隐私、沟通隐私和保护隐私。此外，可以使用当前和即将推出的隐私标准的指南。

- 联邦保证管理：各个数据空间的保证管理与全球安全和隐私保证管理要联合协作，可以先就一致的个人保证达成协议，然后再开始定义联邦保证。

1.4.3　核心架构要求之二：数据共享的有效和高效实现

创建以创新驱动的数据空间生态系统需要解决 3 个基本问题：可扩展性、可替换性和独立演进。

- 可扩展性：是指数据空间能够动态引入新参与者，具备扩展现有数据价值链的能力，从而带来新的创新。否则，数据空间的数据价值的体现将仅限于由现有参与者设计的价值链。
- 可替换性：是指在数据空间中可替换现有参与者，同时不影响原参与者所涉及的数据价值链。这将避免被供应商绑定的情况出现，从而更好地保护最终用户的投资。
- 独立演进：是指只要数据空间的每个参与者遵守与其他参与者交互的接口，就可以独立于其他参与者进行升级。扩展数据空间中参与者的数量或替换其中的参与者都不应影响每个参与者的演进。

加入数据空间的数据提供者必须能够发布数据资源，并且能够了解潜在的数据使用者如何检索和使用这些资源。正如万维网（WWW），是按照完全相同的原则运作，即内容提供者发布 Web 页面到 Web 服务器上，潜在目标用户使用 Web 浏览器来检索这些 Web 页面并查看其内容。

上述可扩展性、可替换性、独立演进的要求意味着数据空间中的所有参与者应该遵循统一的规则，即"说同一种语言"。具体而言，采用共同的 API 和安全模式进行数据交换，以及可以用这些 API 兼容的数据格式表示数据模型。此外，数据空间应包括通过 API 发布和检索，以及通过数据模型来访问数据资源的手段。

1.4.4 核心架构要求之三：对法律法规和政策规定的支持

对数据共享与交换的监管遵循 FAIR 原则，即可发现性、可访问性、可互操作性和可重用性，这一原则将对数据空间的联邦能力产生深远影响。在各个国家和地区开展数据流通活动的前提，即需要遵循属地对数据保护和流通管理的相关法律法规以及政策。

例如，中国建立了全面的数据安全法律框架，包括《中华人民共和国数据安全法》《中华人民共和国网络安全法》《中华人民共和国个人信息保护法》等法规，以指导和管理数据的处理活动。此外，中国发布了关于人脸识别技术和数据安全的国家标准，加强了对数据安全的细化规制。国务院还出台了《关于构建数据基础制度更好发挥数据要素作用的意见》，提出了一系列政策举措，推动了数据产权、数据要素流通和交易、数据要素收益分配以及数据要素治理等方面的发展。中国还鼓励外商投资设立研发中心，并支持研发数据的合法跨境流动。此外，中国制定了《个人信息出境标准合同办法》以保护个人信息的权益。中国的各个地方或区域也在数据保护和流通方面有一系列的举措，例如，北京市发布了《北京市数字经济促进条例》以支持数字经济的发展，推动数据特区建设，积极探索数据基础制度。上海市发布了《上海市公共数据开放实施细则》，促进公共数据的开放和利用；上海市政府还发布了《上海市促进浦东新区数据流通交易若干规定（草案）》，在上海试验"数据二十条"的实施，推动数据流通交易。在粤港澳大湾区，广东省发布了《广东省政务服务数字化条例》，推动政务数据的有效开发利用；深圳市发布了《深圳市数据交易管理暂行办法》和《深圳市数据商和数据流通交易第三方服务机构管理暂行办法》，以促进数据要素流通。

例如，在欧洲创建数据空间时应考虑《通用数据保护条例》（General Data Protection Regulation，GDPR）[2]、《电子身份认证与可信服务条例》（Electronic Identification and Authentication Services，eIDAS）等欧盟法规和政策的要求[3]。

1.5　数据空间的建设路径

数据空间的建设需要凝聚共识、设计规划、技术标准化、试验部署、规模应用与反复迭代的长期过程。初始阶段，所有参与方都应在创建一个以数据自主权为关键原则的软基础设施上达成共识，通过数据的价值赋能个人或者组织。设计阶段，需要将先前分散的各个相关的举措汇聚起来，并通过技术标准化和试验，最终部署在一个共同的、通用的"软基础设施"上。接下来将建设路径大致分为聚合和部署两个阶段。

1.5.1　阶段一：聚合

建立数据空间的第一阶段是将当前全球关于数据空间的所有行动和实践探索聚合起来，以共同创造一个可被关键利益相关者广泛接受的成果：也即基础通用版本的软基础设施。在这个过程中，以下 3 个方面至关重要。

- 提升认识。在软基础设施的基础版本创建之前，需要广泛地传达和推广软基础设施的概念、原理和功能。在这一过程中，并非所有潜在利益相关者都能参与协同创建过程，因此，应加强宣传，同时广泛吸纳各方的意见。更加重要的原因是，在聚合阶段之后，将立即开始技术的研发应用，研发及应用的参与方也应该熟悉并支持相关的协议和标准。

- 建立治理结构。要做到这一点，需要 3 个步骤：首先，必须建设所提出的治理结构，并任命合适的人员；其次，定义操作过程（包括通信、决策和演进升级路径）；最后，愿意加入的其他参与方可以带着他们的需求或者用例共同参与，以充实业务、操作、法律、功能或技术等各个方面的工作。

- 共同创建软基础设施协议集。软基础设施的共同创建主要指建立一致的功能、操作、法律协议以及技术标准协议，协议共同提供了跨数据空间互操作性的基础。

1.5.2 阶段二：部署

一旦基础版本的软基础设施的可用性得到满足，就可以建立并启动治理结构，以确保数据空间的广泛部署和足够的可扩展性。在这个阶段，数据空间治理将实现以下所述的目标。

- 维护和创新：软基础设施的协议和标准集合将随着市场需求、技术发展和监管要求不断发展，这些协议与市场将进行同步更新。新的用例加入也将展现新的或者之前未解决的用户需求。协议和标准的定期更新需要与利益相关者进行协调，协议和标准的成熟度将取决于部署的水平。

- 日常运营和流程的治理：在聚合阶段之后，创建和维护日常运营和流程中最重要的一项就是接纳和认证新的参与者。数据空间治理机构的成熟度随着参与者数量和部署水平的提高而提升。

- 意识、教育和行为：在初始阶段，大多数数据空间参与者不太熟悉如何使用和利用数据空间。因此，应充分关注培养意识、提供教育和培训数据空间参与者的行为。这不仅是增加部署的手段，也能确保新的参与者了解数据空间的价值和影响。

- 推动实施以加速部署：一旦数据空间的协议和标准得到了明确，推动部署的工作就变得至关重要。行业的首批应用示范会产生灯塔效应，并且加速跨行业和跨领域的数据空间部署。一旦参与方部署了数据空间，后续开展认证服务的商业价值将彰显出来。随着时间的推移，这些先行先试的示范效应将最终促成部署的指数增长。

在聚合和部署阶段工作开展的同时，意识提升、标准化、实验开展等活动也会同步进行，具体如下。

- 意识提升：凝聚共识在聚合和部署阶段都将是至关重要的。首先，它将确保利益相关方了解数据空间的概念和功能范围；其次，它将把数据空间从本地实验活动扩展到大规模的互操作使用，将软基础设施的规则应用到 IT 服务和解决方案，将会成为数据空间部署的放大器，这些服务和方案将具备数据空间的功能；最后，它将建立用户之间的信任，这一点的重要性不容低估，让所有相关方都清楚数据空间的建设和部署正在推进。这不仅针对一开始就对数据空间感兴趣的主体，还针对更大范围的受众。

- 标准化：除了创建软基础设施的基础版本，标准化活动也需要持续进行。一旦软基础设施规则的第一版本可用，数据空间将与当前技术标准的全球趋势和最新发展保持一致。

- 实验开展：数据空间的应用案例有两个功能。在聚合阶段，应用案例将为关键数据空间功能提供框架；在部署阶段，应用案例将用于实验技术和组织条件的可行性，并向利益相关方展示数据空间的功能。

参考文献

[1] NAGEL L, LYCKLAMA D. Design principles for data spaces-position paper[R]. 2021.

[2] VOIGT P, VON DEM BUSSCHE A. The EU General Data Protection Regulation (GDPR)[M]. Cham: Springer International Publishing, 2017.

[3] BUCHMANN N, RATHGEB C, BAIER H, et al. Towards electronic identification and trusted services for biometric authenticated transactions in the single euro payments area[C]// PRENEEL B, IKONOMOU D. Annual Privacy Forum. Cham: Springer, 2014: 172-190.

第 2 章

数据空间的功能模块

第 1 章已经介绍了数据空间的理念、设计原则、架构要求及建设路径，本章将具体介绍数据空间的技术功能模块及治理功能模块。

2.1 功能模块概述

数据空间的功能模块可以分为"技术功能模块"和"治理功能模块"两种类型。

技术功能模块旨在实现数据空间中，以安全和可信的方式在不同方之间共享数据，如网络协议（Network Protocol）、中间件组件（Middleware）、标准化应用程序接口（API）等组件。技术功能模块的各个组件，能够解决与数据空间相关的大部分技术问题，包括以下内容。

- 与数据互操作性相关的技术组件，如数据交换 API、数据表示格式以及数据来源和可追溯性等。
- 与数据自主权相关的技术组件，如身份管理、参与者可信度、数据访问和使用控制等。
- 与数据价值创造相关的技术组件，如数据产品的发布、基于元数据发现的数据产品，以及数据访问与使用核算等。

技术功能模块能够帮助每个数据空间的参与者突破不同系统和平台各

自的安全限制，实现集成和即插即用。此外，技术功能模块还可以帮助参与者便利地创建接入数据空间的系统，如支持数据可视化与数据分析的接口，或提供物联网网络的接口等。以上功能模块能够使数据空间中的参与者获得超出其当前水平的业务能力，从而推进形成新的业务案例和数据使用场景。

治理功能模块是指数据空间参与者之间的业务、运营和组织协议。这些协议通过参与者必须遵守的法律框架或者技术功能模块来执行。

- 业务协议：业务协议包括"服务水平协议"（Service Level Agreement，SLA）"数据使用和访问控制策略"以及"会计和定价、计费、支付方案"，此类协议规定了规范各方之间数据共享和交换的条款和条件，通过使用智能合约，将法律协议、组织协议与技术上可执行的协议相结合。

- 运营协议：运营协议规定了在数据空间运营期间需要执行的策略，包括需要遵守的强制性法规，如《通用数据保护条例》（GDPR）等相关条款。

- 组织协议：包含为数据空间建立治理机构和程序的条款。

数据空间功能模块如图 2-1 所示，从实现数据空间架构要求的角度，将功能模块分为 4 类：互操作性、信任、数据价值、治理。

数据空间中的各利益相关者可从以下几个方面受益于图 2-1 所述功能模块。

- 数据空间架构师和集成商：将以结构化的方式识别某个数据空间特定架构所需的组件。

- 功能模块开发人员：将清楚地了解组件如何与数据空间的特定架构适配。

- 业务经理：能够识别在特定数据空间中，数据共享、交换以及数据资产和潜在的业务模型。
- 数据空间管理者：有权访问可用于制定和执行数据空间相关政策（如数据访问政策、隐私控制政策）的功能模块。

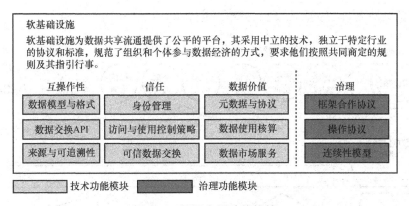

图 2-1　数据空间功能模块

在集成数据空间中功能模块时，可以根据特定行业领域的需求或技术要求，将不同的结构化原则应用于不同的数据空间架构中。但无论如何，所有的数据空间架构在实现之时，都需要遵守去中心化（Decentralization）、可扩展性、协作支持、联邦、互操作性、兼容性、信任管理和可审计性等指导原则和参考架构，如数据空间参考架构模型（IDS-RAM）。基于功能模块集成的数据空间如图 2-2 所示。

图 2-2 说明了如何通过综合一组功能模块创建数据空间，这些功能模块将按照数据空间的技术架构、业务结构和政策要求进行集成。

本章介绍的功能模块并不详尽，而是阐述了数据空间的基本功能元素。一般来说，每个功能模块都包含可重复使用的通用组件（即可跨领域和行业使用）、具体化的组件（即满足特定行业、领域，甚至具体用例的特定要求和法规）。同时，允许个体参与者加入不同的数据空间，在多种场景中使用数据，并成为数据价值链中的一部分。数据空间的参与者也可以定义其他特定的功能模块。例如，数据空间架构师可以引入集合集中式和去中心化方法的新型数据空间架构的功能模块；业务利益相关者可以引入帮助数据空间的参与者达成智能合约、促进业务模式创新的功能模块。

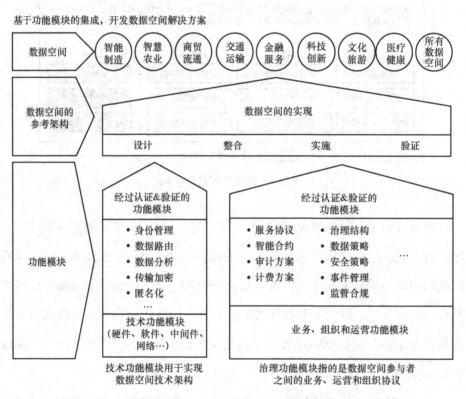

图 2-2 基于功能模块集成的数据空间

2.2 技术功能模块

从技术角度来看，数据空间可以理解为促进各方和各领域之间数据/信息动态、安全和无缝流动的技术组件的集合。这些组件可以以不同方式实现，并部署在不同的运行框架（如 Kubernetes 系统）上，具体分类如下。

2.2.1　关于数据互操作的技术功能模块

所有参与数据空间的数据提供者和数据消费者都需要部署实现数据互操作的功能模块，以确保：其一，每个数据提供者发布的数据能够被有权限的数据消费者使用；其二，每个数据消费者能够在技术层面访问和使用他们所选择的数据提供者所提供的数据。

（1）数据模型和格式

数据模型和格式为数据模型规范、数据交换有效载荷中的数据表示提供通用格式。其中，数据交换有效载荷指在传输过程中携带有用信息的部分。数据表示是指有效载荷中具体的数据内容，它可以是文本、图像、音频、视频或其他格式的数据。在传输数据时，数据表示需要经过编码、压缩等处理，以便于在网络中进行传输。例如，在发送一个图片文件时，其数据表示就可能是包含了图片的二进制数据。有效载荷中的数据表示是传输数据的核心内容，数据表示的正确性和完整性对于数据传输的成功至关重要。该功能模块与数据交换 API 功能模块相结合，确保参与者之间实现互操作性。

（2）数据交换 API

数据交换 API 旨在促进数据空间参与者之间的数据共享和交换，涉及数据提供、数据消费、数据使用等场景。

（3）数据来源和可追溯性

数据来源和可追溯性功能模块提供了在数据提供、数据消费、数据使用过程中进行追踪的手段，是许多重要功能的基础，如数据沿袭（Data Lineage）

的识别、数据交易的审计证明记录等。

数据来源和可追溯性功能模块，还可以在应用程序级别实现广泛的溯源功能，例如，跟踪供应链中的产品或物料流向。

2.2.2　关于数据自主权和信任的技术功能模块

（1）身份管理

身份管理（Identity Management，IM）功能模块能够对数据空间中的利益相关者进行识别、验证和授权，确保组织、个人、机器和其他参与者获得认证和验证的可信身份。此外，身份管理功能模块还可以提供附加信息，能够在数据空间中实现授权机制和访问与使用控制功能。

现有的身份管理平台已经实现了数据空间架构所需的部分功能，而身份管理功能模块可以在现有平台的基础上更进一步。例如，KeyCloak 基础架构、Apache Syncope IM 平台、Shibboleth Consortium 的开源 IM 平台或 FIWARE IM 框架等。身份管理功能模块还需要与现有的电子身份证明系统集成，在数据空间中实现合法合规的可信身份。

（2）访问和使用控制策略

访问和使用控制策略通常是数据提供者发布数据资源或服务时，与数据消费者进行条款协商的一部分，访问和使用控制策略功能模块能够保证相关条款的执行。数据提供者通常会在数据使用侧实施数据访问的控制机制，以防止数据被滥用。访问控制和使用控制策略的实施依赖于身份识别和认证功能。

（3）可信数据交换

可信数据交换功能模块可以通过组织措施（如认证、验证凭证）或技术措施（如远程证明）来实现，能够使数据交换交易中的参与者验证其他参与者的身份，并且遵守相关规则与协议。

2.2.3　关于数据价值创造的技术功能模块

（1）元数据和发现协议

元数据和发现协议功能模块为数据资源、数据服务和数据空间参与者提供描述。

数据空间中数据资源和服务的发布与发现机制，此描述应支持语义 Web 技术（Semantic-Web Technology），并遵守关联数据原则（Linked-data Principle），可以普遍适用于各个领域[1]。

（2）数据使用核算

数据使用核算功能模块为不同用户对数据访问和/或使用的核算提供了基础，并支持清算、支付和计费功能。

（3）发布和市场服务

发布和市场服务模块的功能主要有发布数据产品、管理智能合约的创建和流程监控，以及访问数据和服务。

根据技术需求，市场和发布服务还可以执行评级、清算和计费等后端流程。因此，该功能模块能够容纳更多的参与者、数据资源和数据处理或分析服务（如大数据分析服务、机器学习服务或基于统计处理模型的不同业务功能的服务），从而实现数据空间的动态扩展。

市场和发布服务功能模块应具备被广泛接受的数据目录词汇表（Data Catalogue Vocabulary，DCAT）标准发布数据资源的能力，并能够从现有的开放数据发布平台中收集数据。

2.2.4　其他技术功能模块

（1）系统适配

数据空间的主要功能之一是促进参与者系统之间的数据传输。

参与者的系统可能包括数据库系统、数据处理系统、企业系统[如客户关系管理（CRM）系统、企业资源计划（ERP）系统、物资需求计划（MRP）系统或制造执行系统（MES）]，还有网络物理系统和物联网支持系统。无论哪种系统，都需要一个适配系统的功能模块，与系统导出的各种数据资源进行交互，并对数据空间内数据交换所采用的数据格式进行必要的转换（参见"数据交换 API"功能模块）。

接口取决于系统的性质，示例如下。

- 物联网协议可用于连接物联网资源，如受限应用协议（Constrained Application Protocol，CoAP）或消息队列遥测传输（Message Queuing Telemetry Transport，MQTT）。

- 数据库协议可用于连接数据库，如 Java 数据库连接（Java Database Connectivity，JDBC）。

- API 协议可用于连接企业系统和应用程序，如 RESTful 服务。

在进行系统适配时，需要对数据进行加密和匿名化，保证在参与者系统和数据空间之间传输数据时，保持机密性和隐私性。为了便于传输其他数据空间功能模块所需的相关信息（如关于数据问责、可追溯性或使用控制的相关信息），也可以加入其他数据和元数据。

（2）数据处理

通过系统适配器连接到数据空间的各个系统，能够对共享的数据进行处理，并可以限制数据使用的范围。当统一的系统适配接口连接到数据空间时，组织之间的规则或者法律合同可以转化或部分转化为技术解决方案。但是，把规则或法律合同嵌入数据使用控制的做法，会增加数据提供者或数据空间运营商的数据使用控制策略的复杂性。因为数据使用限制需要反映在技术解决方案中，并需要不断更新和调整以满足不同用户的需求。此外，技术限制还需要和法律规定或组织规则相协调，以确保数据使用不违反法律或组织内部规定。因此，这种处理需要数据提供者或数据空间运营商投入更多的精力和资源来实现数据使用限制。

为了施加更广泛的控制，数据空间可以结合"使用控制洋葱概念"（the Concept of the Usage Control Onion）提供不同阶段的使用控制（如关于数据问责、可追溯性或访问、使用控制），并辅之以数据处理技术。

洋葱架构（Onion Architecture）是一种软件架构模式，它是基于控制反转（Inversion of Control）和依赖注入（Dependency Injection）的原则而设计的。该架构模式的名字来源于其类似于洋葱的结构，即内外套叠的多层架构。在洋葱架构中，系统被分成多个层级，每个层级都有不同的职责和依赖关系。洋葱架构如图 2-3 所示。

最内层是由领域模型（Domain Model）组成的领域层（Domain Layer），它包含业务逻辑和业务实体对象，职责是定义业务规则和约束，并提供必要的方法和接口供上层调用。中间层是由应用服务（Application Service）组成的应用层（Application Layer），主要负责协调各个领域模型的交互和处理用户请求。最外层是由表示层（Presentation Layer）和基础设施层（Infrastructure Layer）组成的界面层（UI Layer），主要负责与用户进行交互并提供各种应用程序所需的基础设施支持。

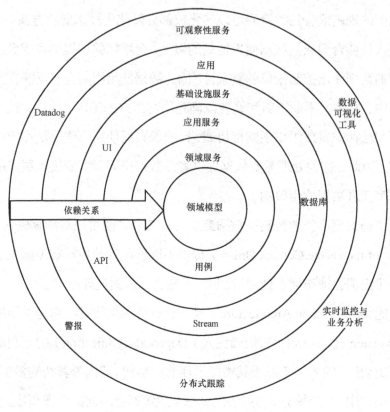

图 2-3　洋葱架构

洋葱架构中的各个层级都是松耦合的，它们之间只通过简单的接口传递数据和调用方法。这种松耦合的设计使得层级之间可以相互独立地进行开发和测试，从而提高了系统的可维护性和可扩展性。此外，在洋葱架构中，控制反转和依赖注入被广泛应用，可以有效地减少代码的耦合性和复杂性，并增强了系统的灵活性和可测试性。

（3）数据路由和预处理

数据路由和预处理（Data Routing and Preprocessing，DR&P）是指对数据进行动态路由，以实现将数据路由至正确的数据处理节点的功能。

数据路由和预处理功能模块通常是数据中间件平台，平台针对所收集和路由的数据性质（如流数据、静态数据）满足不同的技术要求。譬如，流处理中间件平台(如 Apache Kafka)可用于支持流数据的路由和预处理。数据路由需要考虑技术事项（如水平和垂直可扩展性），以及由数据使用政策产生的事项（如数据处理活动的管理权、数据出境或与其他数据的组合）。

（4）数据分析引擎

多数数据空间用例支持基于统计分析、机器学习、深度学习以及其他数据挖掘技术等方法，分析多源、多利益相关者的数据。例如，工业数据空间用例中的需求预测，必须综合分析来自数据空间所连接的不同平台的多个数据流。

上述功能需要分析多个数据流，因而需要"数据分析引擎"（Data Analytics Engine，DAE ）功能模块的支持。根据数据的性质，该功能模块可以采用不同的形式，如流分析（Streaming Analytics）、基于云的分析、机器学习、复杂事件处理（Complex Event Processing，CEP）等。

（5）数据可视化

数据空间还应提供数据可视化功能。数据可视化功能模块可以以多种方式实现，简单的方式可以是仪表盘（Dashboard），复杂的方式可以是增强分析。数据可视化的功能将在 Kibana 或 Grafana 等框架的基础上实施。

（6）工作流管理引擎

数据处理用例通常涉及多个数据源、数据消费者和数据服务的交互。这种交互必须通过结构化和公认的工作流（包括数据提取、转换和分析，以及数据可视化）适当地编排，工作流管理引擎（Workflow Management Engine，WME）旨在为数据空间提供上述功能。

2.3 治理功能模块

2.3.1 关于数据流通业务的治理功能模块

（1）服务水平协议

服务水平协议是指提供数据服务的实体与在数据空间中使用服务的实体之间的合同，例如，数据提供者与数据消费者之间、数据所有者之间的合同。

服务水平协议描述了数据提供者提供的服务和所提供服务应满足的标准。所提供的服务必须符合规定的标准，而服务的使用者有权要求符合相关标准。

（2）会计方案

会计方案（Accounting Scheme）规定了每个数据空间的业务参与者和交易需要记录与报告的参数，旨在详尽说明数据空间运营和基础业务模型相符的会计实践和报告。

（3）计费与收费方案

计费与收费方案（Billing/Charging Scheme），即利用会计数据和报告，在数据空间中提供服务和交易计费方式。

此方案指导如何执行计费、收费。常用的计费与收费方案依赖于提供的数据量（即基于数量）、对服务的请求数量或获取数量（即基于输入或输出）或服务可以使用的时间段（即基于时间）。虽然在某些情况下，固定计费、收费方案是妥当的解决方案（易于设置和使用），但很多情况下，将上面列出的方案组合成一个混合方案的路径会更佳。

（4）数据评估方法

数据评估是指估算数据空间内组织所共享数据的价值。

（5）智能合约

智能合约用于双方或多方（主要是数据提供方和数据使用方）之间，通过可机读和可加密签名方式，签订数据使用政策、法律合同、SLA 和其他协议。

此业务功能模块可以通过数据空间中的技术功能模块来实现，意味着特定方案（如各方之间的商业协议）会对数据空间的技术组件施加不同的影响。在某些情况下，这类方案还可能对不同技术组件间的交互方式（如不同参与者之间集中或分散的交互）施加限制。

（6）数据资源和服务市场

"数据资源和服务市场"功能模块通常是审计和处理数据交换交易协议（该协议发生在两方或多方之间）中的使用方案。更具体地说，"数据资源和服务市场"功能模块将跟踪各方的互动，根据适用规则（如 SLA 的条款和条件）审核双方的交易，识别偏差和补救措施，并解决付款和结算问题。这样一来，参与数据空间的风险总体上会降低，尤其是参与数据交换交易的风险。此外，"数据资源和服务市场"功能模块有助于确保各方履行合同承诺。其可以通过智能合约审核某些条款和条件的正确实施，指定交易协议，自动执行由一方或多方提供服务所需的操作。如果使用智能合约，"数据资源和服务市场"功能模块将根据一个或多个 SLA 规定的条款和条件（即包括合同或 SLA 中列出的，与法律相关的事项）和数据使用政策进行操作。

2.3.2　关于数据互操作的治理功能模块

为确保所有数据空间参与者之间实现互操作性，需要持续推进相关技术措施。此类技术措施包括通用协议和特定行业领域模型。连续性模型提供了标准和协议版本发布、变更和管理的措施，而行业数据标准代表特定行业或领域中数据共享的语言。为了实现特定的目标，可以组合使用多个此类标准。

2.3.3　关于数据信任的治理功能模块

为确保数据共享和交换中的数据自主权，必须制定组织与操作协议。此类协议充当了连接物理世界和数字世界的信任锚（Trust Anchor），支持并启用数据使用政策，同时也将为整个数据生态系统带来信任。整个系统的互操作性依赖于确保所有参与者之间的互操作性协议。必须持续维护并在各方之间同步互操作性方案。此外，管理机构需要为数据空间中的所有业务交易提供框架，包括对所有基础协议可靠性的维护。

除了与信任相关功能模块的技术实现外，操作与组织措施也为整个系统创建了信任锚。信任锚的主要目的是连接物理世界和数字世界。法律和自然实体需要数字身份，以实现可靠的身份识别和认证。

数据空间的组织/运营功能模块概览见表2-1，具体如下。

- 唯一标识符：独特且可信的标识符可以在特定领域或特定国家的标识方案中，对法律和自然实体（包括事物）进行可靠的识别。此类识别必须通过增值属性（如商业登记号码或税务识别号码）进行扩展。附加信息必须由可信任的团体提供。

- 授权登记：为了明确识别每个数据空间参与者，必须建立特殊的身份验证登记机构。登记机构需要根据在数据空间内达成的运营协议（即策略）成立。登记机构本身必须由中立机构批准和监控。参与者身份验证需要经过结构化的准入过程，以在登记机构中设置每个身份的信任锚，如合规评估。

- 可信方：基于验证后的身份，可信方可以验证和确认参与者的能力。具体包括两个方面：一是在结构化过程中获取或评估能力，二是根据数字身份验证声明。虽然第一个方面通常由认证或注册涵盖，但第二个方面通常由商业服务执行。因此，可信方提供指定和可衡量标准的数字证据。这些标准的内容由法规或（行业）特定协议规定。

表 2-1　数据空间的组织/运营功能模块概览

组织/运营功能模块	作用与范围	例子
唯一标识符	根据唯一标识符和其他信息识别法人、自然人或事物实体	税号、法律实体标识符
授权登记	验证数字身份及其与现实世界对象的映射	eIDAS 合格印章提供验证和确认身份的机制，国家登记机构实施符合《eIDAS 条例》的政策
可信方	根据预定义的标准，为特定事实提供中立证据	可信方是指一个独立并且有资质评估认证计划（如 ISO 27001）的机构

2.3.4　关于数据空间组织管理的治理功能模块

所有商业交易的基础是提供所有参与者协议的框架。所有技术和功能协议都是其中的一部分，必须由一个专门机构达成协议并进行监控，具体如下。

- 数据空间委员会：数据空间委员会在决策制定、指导和冲突解决方面为数据空间提供治理。

- 总体合作协议：所有数据空间参与者需要就某些功能、技术、运营和法律方面达成一致。虽然一些协议可以以普遍适用或适用于特定部门的方式（如规则手册）重复使用，但其他协议针对具体的使用场景。

- 连续性模型：连续性模型描述了标准和协议的变更、版本发布的管理流程，还包括用于决策和解决冲突的治理机构。

- 规则：规则由组织颁布，用于指导或规定组织或成员行为。所有运营和组织功能模块都依赖于提供通用和公认规则的管理委员会。规则需要由中立和独立的实体监督。规则被普遍接受，以及中立方对规则的监督措施，是确保信任（即信任锚）的基础。协议的执行通常由公立第三方机构或独立评估人员完成。权利分立是确保数据空间治理和促进软基础设施理念的基本方面[2]。

参考文献

[1] HEATH T, BIZER C. Linked Data: Evolving the Web into a Global Data Space[M]. Cham: Springer International Publishing, 2011.

[2] NAGEL L, LYCKLAMA D. Design principles for data spaces - position paper[R]. 2021.

第3章

数据空间中的角色

数据空间中的各个参与者及其所执行工作任务构成数据空间生态系统，本章详细描述了各个参与者在数据空间中的角色定位及其工作任务。

3.1　数据空间中的角色概述

数据空间参与者所连接的对象（Object）如下。

- 连接器：参与者加入数据空间所需的技术核心组件。
- 数据：同"数据资产"，即由数据提供者公开交换的内容。
- 词汇：本体（Ontology）描述、参考数据模型或元数据元素，可用于注释和描述的数据集、使用政策、应用程序、服务数据源等。
- 身份：数据空间中，与参与者相关的信息。
- 应用程序：可在连接器内部部署的应用程序，该应用程序用于推进数据处理流程。应用程序可由认证机构进行认证，并遵循相关认证程序。
- 交易：包括在数据交换过程中的所有活动。
- 服务：在连接器中，运行相关服务，并提供软件。

以下是描述数据空间对象生命周期的活动类型。

- 创建：通过编程等方式创建对象，或者从传感器读取数据创建对象。

- 所有权：根据当地法规，拥有相关对象的所有权，或者持有相应的许可证与权利。

- 认证/验证：按照数据空间认证方案认证相关软件，或者验证数据的真实性。

- 发布：共享对象的元数据，如数据、应用程序、服务等。

- 提供：在技术上提供对象。

- 消费：在技术上接收对象。

- 使用：将对象应用于商业模型。

- 删除：删除、销毁或关闭对象。

数据空间对象生命周期中的每个活动都由数据空间的参与者执行。在参与者中，执行活动的角色被称为"基本角色"。此外，某些数据空间对象和活动的组合（如"验证数据""删除身份"）可能在本数据空间之外的其他场景中存在。数据空间中定义的基本角色类型见表 3-1。

表 3-1　数据空间中定义的基本角色类型

	创建	所有权	认证/验证	发布	提供	消费	使用	删除
连接器	连接器创建者	连接器所有者	连接器认证方	连接器发布者	连接器提供者	—	连接器使用者	—
数据	数据创建者	数据所有者	—	连接器/数据经纪人	数据提供者	数据消费者	数据使用者	数据使用者
词汇	词汇创建者	词汇所有者	—	词汇发布者	词汇提供者	词汇消费者	词汇使用者	—
身份	身份创建者	身份所有者	身份验证机构	身份发布者	身份授权者	—	身份使用者	身份销毁者
应用程序	应用程序创建者	应用程序所有者	应用程序认证方	应用程序经纪人	应用程序提供者	应用程序消费者	应用程序使用者	应用程序删除者
交易	交易发起者	—	交易认证方	—	—	—	交易参与者	—
服务	服务创建者	服务所有者	服务认证方	服务经纪人	服务提供者	服务消费者	服务使用者	—

以上详细定义了数据空间中的技术任务和参与者的角色。但由于数量较多，特别是在早期讨论阶段，更佳的划分方式是将基本角色分为业务角色，而基本角色将在业务角色背景下进行解释。

3.2　数据空间中的角色详解

在业务层面，并不需要区分数据空间中的各类基本角色。譬如，如果工业公司 A 打算向供应链合作伙伴提供质量检测数据，则无须区分数据所有者和数据创建者，因此，此时只需要引入业务角色。业务角色包括一个或多个基本角色，该基本角色的确切范围取决于参与者的业务模型，参与者可根据其所认为适当的方式运用个体业务模型。例如，操作数据中枢的数据中介可能会以托管人、经纪人的身份，或者同时以这两种身份存储数据，采取何种方式取决于其业务模型的需要，因此，根据基本角色分配至业务角色的不同情况，使用以下符号标记分配方式。

- T（典型）：在业务角色中，通常担任基本角色。
- M（强制）：从技术角度上看，属于必要角色。

此外，角色类型包括以下 4 类。

- 核心参与者。
- 中介。
- 软件开发者。
- 治理机构。

3.2.1　核心参与者

核心参与者是在数据空间中每次进行数据交换时都需要参与相关活动

的人员。核心参与者包括数据提供商和数据消费者。任何拥有、想要提供和想要使用数据的组织都可以担任核心参与者的角色，数据空间参与者从担任角色活动中获益。

（1）数据提供商

数据提供商是将数据引入数据空间生态系统的角色。根据各自业务和技术操作模型，数据提供商通常担任数据创建者（Data Creator）、数据所有者（Data Owner）或者数据提供者（Data Provider）等基本角色。

数据创建者通过生成数据（如通过传感器生成数据）或在后端 IT 系统中访问数据来创建数据。

在法律上，数据所有权权属问题非常复杂。因此，本文中的"数据所有者"概念，并不代表法律上所持的观点。数据空间中采用的观点，往往从数据管理视角展开，将数据所有者定义为控制数据的法律实体或自然人。数据所有者能够定义数据使用政策并提供对其数据的访问。具体而言，数据所有权概念包含以下两个方面的内容。

- 通过技术手段和责任定义使用合同、使用政策和提供数据访问。
- 通过技术手段和责任定义付款模型，包括第三方重新使用数据模型。

数据提供者从技术的角度上，在数据空间中实现数据的可用性，并将其传输给数据消费者。为了将元数据交给元数据经纪人，或与数据使用者交换数据，数据提供者可使用符合数据空间参考架构模型的软件组件，而符合要求的软件可以从软件开发商和应用程序开发商处获得。

通常情况下，数据创建者自动担任数据所有者的角色。但是，如果数据权利或许可授予给其他参与者，则数据所有者的角色由其他参与者担任。在此类情况下，数据所有者和数据创建者由不同的参与者担任。

尽管作为数据创建者的参与者自动担任数据提供者的角色。但如果数据由非数据创建者的实体进行技术上的管理，则可能存在数据提供者不是数据创建者的情况，如公司使用外部 IT 服务提供商进行数据管理的情况，或者数据受托人将数据管理活动交由数据中介处理的情况。

在数据所有者不担任数据提供者的情况下，数据所有者仅参与授权数据提供者供数据消费者使用数据的活动。任何此类授权均应由合同记录，该合同既可以是纸质文件，也可以是电子文件。

在数据交易完成后，数据提供者可以在清算中心记录交易日志，以方便计费与争议解决。此外，数据提供者还可以使用数据空间连接器中的应用程序，对数据进行补充或转换，提高数据质量。此外，数据应用程序可以加载到数据空间连接器中，并链接到数据交换工作流程中。

（2）数据消费者

数据消费者从数据提供者处接收数据。从业务流程角度来看，数据消费者与数据提供者呈镜像关系。因此，数据消费者执行的活动与数据提供者执行的活动类似。

如果数据被服务提供者处理，数据消费者则扮演服务消费者的角色。这种情形可能发生于数据所有者，或者数据提供者在数据中附加使用政策，要求将数据在交给消费者之前，必须由第三方服务（即服务提供者）进行处理。此时，数据消费者既是数据消费者，也是服务消费者。

与数据所有者具有数据的法定控制权类似，数据使用者是根据使用策略规定，有权使用数据的法律实体。数据使用者可能与数据消费者相同。但是在某些情况下，数据使用者也有可能由不同的参与者担任。例如，患者可以使用软件系统，管理他们的个人健康数据，并允许健康教练访问此类数据。

当数据来源于医院时，健康教练将是数据使用者，提供软件系统的供应商将是数据消费者。

在现实场景中，数据消费者和数据提供商已相互沟通并计划交换特定数据集，如生产特定零件的产能信息。在此类情况下，数据消费者直接向数据提供者申请数据以及相应的元数据，或者数据提供者直接将数据推送给数据消费者。

如果数据消费者需要由多个供应商提供的某种类型数据，如气象数据，数据消费者则可以向担任数据经纪人基本角色的数据中介进行查询，搜索现有的数据集。然后，再由数据中介（数据经纪人）为数据消费者提供所需的元数据，以便连接到数据提供者。

同时，数据消费者也可以在清算中心记录数据交换事项的详细信息，筛选应用丰富、质量高的所需数据，或通过数据经纪人检索数据源。

3.2.2 中介

中介机构通常被视为"平台"。与规模庞大的数据提供商和消费者相比，中介机构的角色定位更加重要。在实践中，存在多个具有相同角色属性、具有竞争性的平台。中介机构的类型包括数据中介、服务中介、应用商店、词汇中介、清算中心和身份认证机构等业务角色。中介机构的商业模式与业务角色紧密相关。例如，某一中介既扮演数据中介，又扮演服务中介。

此外，中介角色只能由经过可信认证的组织担任。

（1）数据中介

数据中介是平台运营商，主要担任数据提供者、数据消费者和数据经纪人等基本角色。

当其作为数据提供者或数据消费者时，数据中介代表数据所有者或使用者进行数据交换。因此，向数据消费者提供数据是数据中介的主要职能。

为方便数据消费者使用数据，数据中介将向数据经纪人提供有关数据的元数据，并存储和管理在数据空间中使用的数据源信息。提供数据空间中的数据经纪服务的组织，同时可能扮演其他基本角色，如服务经纪人、清算中心或身份认证机构。

数据经纪人的活动主要是接收和提供元数据，数据经纪人必须为数据创建者提供发送元数据的接口。元数据应该以结构化的方式存储在内部存储库中，以供数据消费者查询。尽管元数据的核心模型必须由官方指定，但元数据经纪人可以扩展元数据模型，以管理其他元数据元素。

在数据经纪人向数据消费者提供了某个数据提供者的元数据后，它将不参与后续的数据交换过程。

（2）服务中介

服务提供商可以提供诸如数据分析、数据整合、数据清理等服务，提高数据空间中交换数据的质量。与数据中介类似，服务中介也是平台运营者，提供关于服务与其元数据的信息。因此，服务中介通常担任服务提供商或者服务经纪人的基本角色。

服务提供者从数据提供者接收数据，并将计算结果返回给同一个数据提供者，或将其传给一个指定的数据消费者（该消费者同时也是服务消费者）。从服务中介收到处理过的数据的参与者可能会再次成为服务中介，因为数据可以通过任意数据空间连接器进行路由传输。

为了提供服务，服务提供者在其数据空间连接器中安装应用程序，此应用程序可以由参与方或第三方应用程序提供商开发。服务中介即应用程序消费者。在这种情况下，服务所有者与服务提供者可能是不同的组织，服务提供者代表所有者运营服务。

数据空间中的其他参与者检索可用服务，服务中介还可以扮演服务经纪人的角色。其中，服务经纪人类比于数据经纪人，在数据空间中提供有关当前服务的元数据。

（3）应用商店

应用商店负责分发数据应用程序。与服务提供者相反，算法不会在应用商店平台上执行，而需要下载到应用程序消费者的数据空间连接器中。应用程序消费者和应用程序所有者可能是不同的主体，所有者获取或者购买应用程序后，将允许其分发给服务提供商。应用商店通常扮演应用程序经纪人和应用程序提供者的角色。应用程序由应用程序创建者编写，其也可以为应用程序所有者。

应用商店主要负责管理有关应用程序的信息，担任元数据经纪人的角色。应用商店应该提供发布和检索应用程序及相应元数据的接口。在大多数情况下，应用商店也会担任应用程序提供者的基本角色，这在手机应用商店中很常见。在技术上，应用商店代表应用程序所有者提供应用程序。然而，不仅是数据，应用程序也可能具有敏感性。因此，应存储在应用程序所有者的范围内。在这种情况下，应用程序经纪人和应用程序提供者角色将由不同的参与者担任。

根据不同的商业模式，应用商店可能担任应用程序所有者的角色，因为其可能拥有特定应用程序的许可。由于应用商店可能承担验证和功能有效性的责任，因此，应用商店还可以充当应用程序认证机构。

（4）词汇中介

"词汇中介"负责管理和提供词汇（即本体描述、参考数据模型或元数据元素）的技术工作，承担词汇发布者和词汇提供者的角色。词汇表归制定组织所有并受其管辖。

词汇可用于注释和描述数据资产。这些数据资产可能至少包括以下内容。

- 数据空间的信息模型（Information Model），是描述数据来源的基础。
- 特定领域词汇（Domain-specific Vocabulary），它们对数据空间的可扩展性和成功至关重要。领域是对一组常见的链接开放数据（Linked Open Data，LOD）的表示。例如，"基因本体"是生命科学部分的统一词汇。

为了描述使用政策并实现智能合同，必须以机器可读且可理解的方式编码法律条款。数据空间信息模型定义了开放数字权利语言（Open Digital Rights Language，ODRL）来描述使用政策。但是，数据空间社区，如封闭的供应链网络或特定领域的数据空间倡议，可以定义、补充或代替其他词汇。

此外，没有专门或唯一的角色来创建词汇。通常，标准化组织如 ISO、EN、IEEE 等以及行业协会定义可以作为词汇的标准。除了数据空间信息模型，可能存在描述相同内容的多个词汇，如不同类型的智能合同或使用政策描述。相同内容的单个词汇支持标准化和兼容性，多个词汇提供灵活性与可选择性。

为了找到正确和最新的词汇，必须借助词汇发布者进行检索，即一个词汇元数据的存储库。在大多数情况下，由于词汇通常是开放的，词汇中介还将充当词汇提供者职能，即提供词汇下载功能。

词汇使用者包括数据提供商、数据消费者、服务中介、数据中介、应用商店等，词汇中介也可以使用词汇。

（5）清算中心

清算中心是为所有金融和数据交换交易提供清算和结算服务的中介机构。在数据空间中，清算活动与经纪人服务是分开的，因为这些活动在技术上不同于维护元数据存储库。如上所述，清算中心角色和其他中介角色仍有可能由同一组织承担，因为这两个角色都需要充当数据提供商和数据消费者之间的可信中介。

清算中心记录在数据交换过程中的所有活动，因此担任交易清算人的角色。数据交换完成或部分完成后，数据提供商和数据消费者均通过在清算中心记录交易详情来确认数据传输，如通过分布式账本技术（Distributed Ledger Technology，DLT）。其中，DLT 是允许跨网络数据库同时访问、验证和记录更新的技术基础设施和协议。DLT 是创建区块链的技术，该基础设施允许用户查看任何更改以及更改者，减少审计数据的需要，确保数据可靠，并且只向需要它的人提供访问权限。基于此日志记录信息，可以对交易进行计费。日志记录信息也可用于解决冲突，如澄清数据消费者是否已收到数据包。清算中心还提供有关已执行或者已记录的交易的报告，用于计费、争议解决等。

（6）身份认证机构

身份认证机构应提供服务来创建、维护、管理、监督和验证数据空间参与者的身份信息。这对于数据空间的安全运行和避免未经授权的数据访问是必不可少的。因此，数据空间中的每个参与者都不可避免地拥有一个身份（描述相应的参与者）并使用身份进行身份验证。

身份认证机构提供的服务包括颁发认证证书（管理数据空间参与者的数

字证书）、动态属性提供服务（Dynamic Attribute Provisioning Service，DAPS）和动态信任监控（Dynamic Trust Monitoring，DTM），用于持续监控网络的安全性和行为。

通常身份由身份认证机构创建。如果身份所有者申请，该机构还将发布身份并提供证书、动态属性提供服务等，以进行身份验证。

3.2.3　软件开发者

此类别包括向数据空间的参与者提供软件的 IT 公司。在此类别下，包含的角色是业务角色应用程序开发者和连接器开发者。

此角色通过向数据空间参与者提供软件来创造利益。值得注意的是，建立数据交换事务的端点通常有企业系统，如 ERP（企业资源规划的业务管理软件）、MES（制造系统的信息系统）或其他平台。一般情况下，在组织加入数据空间之前，软件已存在。因此，软件的开发与提供不是数据空间的一部分。

（1）应用程序开发者

应用程序开发者通常担任数据空间连接器中应用程序创建者的角色。如果数据应用程序不是由第三方委托开发，应用程序开发者也担任数据应用程序所有者的角色。

为了保证应用程序的部署，数据应用程序必须符合数据空间的系统架构。此外，数据应用程序可以由认证机构进行认证，提升应用程序的信任度，尤其是处理敏感个人信息的数据应用程序。

数据应用程序在应用商店中发布，并提供给数据消费者、数据提供商或中介机构。应用程序开发人员应使用元数据描述每个数据应用程序的语义、功能、界面。

（2）连接器开发者

连接器开发人员提供用于实现数据空间所需功能的软件。与数据应用程序不同，软件不是由应用商店提供的，而是通过连接器开发者的常规分发渠道提供，并根据连接器开发者和用户（如数据消费者、数据提供商或中介）之间的单独协议使用。需要注意，部署协议和软件使用协议不在数据空间范围之内。

连接器开发人员通常担任连接器创建者、连接器所有者和连接器提供者的基本角色。

3.2.4　治理机构

数据空间中的治理机构具有制定和执行指南，使数据交换标准化、创建信任并最终实现数据空间可持续运营的任务。治理机构所担任的业务角色包括认证机构和评估机构、标准化组织以及国际数据空间协会。

（1）认证机构和评估机构

数据空间的参与者受益于认证机构和评估机构，这两类角色负责参与者的认证和发放证书工作。

认证机构与选定的评估机构一起负责认证数据空间中的参与者和核心技术组件。这些治理机构确保只有符合要求的组织才能访问受信任的业务生态系统。在此过程中，认证机构监督评估机构的行动和决策。

因此，从技术角度来看，基本角色包括连接器认证机构、应用程序认证机构和服务认证机构。

（2）标准化组织

标准化组织管理的标准通常被描述为本体论或词汇。一般来说，标准既不是排他的，也没有必须应尽的义务。例如，国际商务术语（Incoterm）是物流中常见的法律基础，但并非必须使用。此外，标准化组织担任的基本角色包括词汇创建者和词汇所有者。

（3）国际数据空间协会（International Data Spaces Association，IDSA）

国际数据空间协会是一个非营利性组织，旨在促进国际数据空间的持续发展。更具体地说，它支持和管理参考架构模型和参与者认证的持续发展。国际数据空间协会目前分为几个工作组，每个工作组都处理特定的主题，如数据空间的架构、用例和要求或认证。协会成员主要是大型工业企业、IT公司、中小企业、研究机构和行业协会。值得注意的是，国际数据空间协会不直接参与数据空间的数据交换活动[1]。

3.3　数据空间角色的数据管理活动

本节列出了在数据空间生态系统中从事数据治理和管理活动的核心角色，以及所涉及的数据空间组件。

3.3.1　数据所有者与数据提供者

（1）数据治理与数据管理活动

- 定义数据资源的使用限制。

- 向元数据经纪人发布包含使用限制的元数据。

- 传输数据并将使用限制与数据挂钩。

- 从清算中心接收有关数据交易的信息。

- 管理账单数据。

- 监督策略的执行。

- 管理数据质量。

- 描述数据源。

- 在数据提供者不是数据所有者的情形下，对数据提供者进行授权。

（2）启用与支持数据空间组件

- 数据空间连接器。

- 允许数据所有者配置与自身需求与要求符合的使用条件规则目录。

- 制定定价模式和价格。

3.3.2　数据消费者

（1）数据治理与数据管理活动

- 在遵守使用限制的情况下使用数据。

- 在经纪服务商处，查询、检索现有的数据集。

- 指定数据用户。

- 接收来自清算中心的数据交易信息。

- 监测策略执行情况。

（2）启用与支持数据空间组件

- 数据空间连接器。

- 遵守数据所有者指定的使用限制规则目录。

3.3.3　元数据经纪人服务提供者

（1）数据治理与数据管理活动

- 匹配数据的需求和供应。

- 为数据消费者提供元数据。

（2）启用与支持数据空间组件

- 元数据经纪人组件。

- 元数据模型的核心须由官方指定。

- 为数据提供者提供注册接口。

- 为数据消费者提供查询接口。

- 将元数据存储在内部存储库中，以供数据消费者查询。

3.3.4　清算中心

（1）与数据相关活动

- 监测和记录数据交易和数据价值链。

- 监测策略执行情况。

- 提供数据核算。

（2）启用与支持数据空间组件

- 清算中心组件。

- 记录数据。

3.3.5　应用程序商店提供者

（1）与数据相关活动

- 提供数据服务，如数据可视化、数据质量、数据转换、数据治理。

- 提供数据应用程序。

- 为应用程序用户提供元数据和基于元数据的合同。

（2）启用与支持数据空间组件

- 应用程序商店提供者组件。

- 用于发布和检索数据的应用程序及相应数据的接口。

3.3.6 数据空间数据治理模型

数据空间数据治理模型规定了与数据定义、创建、处理、使用相关的决策权和流程框架。虽然治理活动设定了决策系统的总体指令，但数据管理包括了几类与数据的创建、处理和使用有关的活动。在数据空间环境中，数据治理还包括在数据空间生态系统中共享和交换数据的使用权。元数据的管理规定了关于数据的信息，包括句法、语义和实用信息。这在不依赖中央实例（Central Instance）存储数据，允许不同异构数据库进行自我组建的分布式系统环境中尤为重要。此外，数据生命周期管理涉及数据的创建和捕获，包括数据处理、丰富、存储、分发和使用。

责任分配矩阵支持相关活动的权责划分，以启用数据空间生态系统中的治理机制。数据治理中承责、问责和提供支持的角色见表 3-2。RACI 代表"可靠（Responsible）""可解释（Accountable）""咨询（Consulted）"和"充分了解（Informed）"。重点在于 RACI 矩阵的"R"和"A"，符号"S"表示"支持（Supported）"。

表 3-2　数据治理中承责、问责和提供支持的角色

	活动	数据所有者/数据提供者	数据使用者/数据消费者	元数据经纪人	清算中心
管理	决定数据使用限制（行使数据所有权）	R, A	—	S	—
	强制执行数据使用限制	—	R, A	—	—
	确保数据质量	R, A	—	S	—
	监测和记录数据交易	S	S	—	R, A
	启用数据来源	S	S	—	—
	提供清算服务	S	S	—	R, A
元数据	描述和发布元数据	R, A	—	S	—
	查询和检索元数据	—	R, A	S	—

续表

活动		数据所有者/ 数据提供者	数据使用者/ 数据消费者	元数据 经纪人	清算中心
数据 生命 周期	捕获和创建数据	R, A	—	—	—
	存储数据	R, A	S	—	—
	丰富和聚合数据	S	R, A	S	—
	分发和提供数据	R, A	—	S	—
	连接数据	S	S	R, A	—

3.4 数据空间角色的可信数字身份

建立数据共享和数据交换的信任是数据空间的一项基本要求。数据空间参考架构模型定义了两种基本的信任类型：其一，静态信任，基于对运行环境和核心技术组件的认证；其二，动态信任，基于对运行环境和核心技术组件的主动监控。数据空间中的数据共享和数据交换需要进行初步的操作和交互。认证机构、评估机构、动态属性供应服务和参与者信息服务，对于每个参与者都是必需的。在数据空间中发布数字身份所需的角色和交互如图 3-1 所示。

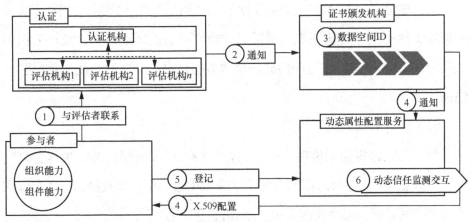

图 3-1　在数据空间中发布数字身份所需的角色和交互

如上所述，数据空间中每个参与者和大多数角色都需要认证。认证内容既包括参与者的组织能力，也包括核心技术组件的技术能力。

3.4.1 数字身份的功能

操作环境或核心组件的认证需要认证机构和评估机构实施。运营环境或核心组件的评估是根据参与者的请求执行的，并依赖于参与者与评估机构之间的合同。此外，服务提供商可以请求对组件进行评估。在此过程中，认证机构负责监督所涉及的评估机构，负责颁发、验证和撤销数字证书。如果操作环境的有效认证和核心组件的有效认证均可用，则认证机构为参与者提供数字证书。这意味着认证机构为操作环境和核心组件的组合提供数据空间ID。数字证书的有效期不超过参与方使用的认证、运行环境认证和核心组件认证的有效期。认证机构应向参与者提供数字证书。

数字身份功能具体包括以下服务。

（1）动态属性供应服务

认证过程产生的信息被传递到动态属性供应服务，包括主数据和有关安全配置文件的信息。认证机构提供关于数字证书的详细信息，包括公钥和数据空间ID。参与者在组件内成功部署数字证书后，在动态属性供应服务注册。

（2）参与者信息服务

数据空间最重要的价值主张之一是支持以前没有接触过的参与者之间进行业务交互，尤其针对以前在数字或非数字世界中没有接触过，现在仅依靠数据空间开展业务合作的公司。在数据空间中，双方的信任通过认证机构和动态属性供应服务的可验证身份管理实现。这两个组件都为每个参与者配备了在数据空间合作所需的属性和密码证明。然而，建立安全且不受损害的通信渠道只是业务交互的必要要求。此外，各个参与者需要了解对方在业务流程方面的状态。例如，每个业务参与者都需要知道其客户的税号或增值税号，以创建正确的发票。此外，由于最终需要法院解决争议与冲突，注册地址对于司法案件的责任管辖权至关重要。

此类信息由数据空间中的支持组织提供和维护，它是管理生态系统的法律实体。该组织通过创建数字身份引入新的参与者，同时在动态属性供应服务中登记安全关键属性，并在参与者信息服务技术组件中登记与业务相关属性。参与者信息服务为其他数据空间参与者和组件提供对此属性的访问，并将唯一的参与者标识符与附加元数据连接起来。通常，每个数据空间生态系统只运行一个或者少量的信息服务。因此，数据空间参与者知道在哪里可以询问有关潜在业务合作伙伴的更多信息，并可以决定是否进行数据交换。

与其他数据空间组件不同，参与者信息服务提供的信息的可信度不是基于技术措施（如签名或证书），而是基于支持组织控制的管理过程。此过程要求每个变更请求在添加到参与者信息服务数据库之前，都必须经过手动验证。

（3）动态信任监测

持续监测参与者并对生态系统中所有参与者的可信度进行分类十分重要。动态信任监测实现了对每个数据空间组件都能进行监测。以动态信任监测与动态属性供应服务共享信息的方式，可以展示数据交换业务中参与者当前的可信度级别。

3.4.2 数字身份的获取

上述角色以结构化的方式相互作用。下文将简要描述此类交互。

- 认证请求：参与者和评估机构之间的直接交互，以触发基于数据空间认证标准的评估。

- 认证成功的通知：认证机构通知证书颁发机构，操作环境和核心组件认证成功。

- 生成数据空间 ID：认证机构为组合（操作环境和核心组件）生成唯一的 ID，并颁发数字证书。

- X.509 证书的提供：证书机构以安全可信的方式向参与者发送数字证书（X.509），并通知动态属性供应服务。

- 注册：在组件内部署数字证书（X.509）后，组件向动态属性供应服务注册。

- 动态信任监测交互：动态信任监测和动态属性供应服务交换有关组件行为的信息，例如，数据泄露等安全问题或网络攻击事件。

3.5 数据空间角色之间的交互

图 3-2 概述了数据空间中的角色以及它们之间发生的交互。由于某些角色（如认证机构和评估机构）并未参与数据空间的日常运营，因此在图 3-2 中省略。此外，图 3-2 不包括软件提供者、身份提供者，因为此类角色与所有其他角色之间都存在必要的联系，软件提供者将连接与软件提供相关的所有角色；同样，身份提供者将通过提供身份关系，连接所有的相关角色[2]。

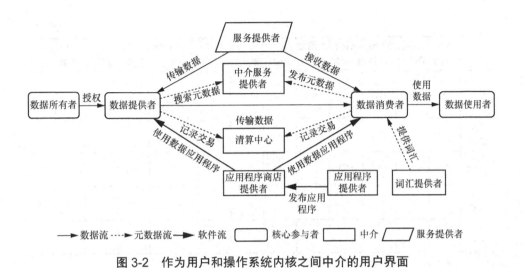

图 3-2　作为用户和操作系统内核之间中介的用户界面

数据空间中可能发生的角色交互见表 3-3，强制性交互标记为 X，可选交互标记为(X)。

表 3-3　数据空间中可能发生的角色交互

	数据所有者	数据提供者	数据消费者	数据使用者	元数据经纪人	清算中心	身份提供者	服务提供者	应用程序提供者	应用商店	词汇提供者	认证机构	评估机构
数据所有者	—	X	—	—	—	(X)	—	(X)	(X)	(X)	(X)	—	(X)
数据提供者	X	—	X	—	X	(X)	X	(X)	X	(X)	(X)	—	X
数据消费者	—	X	—	X	(X)	(X)	X	(X)	X	(X)	(X)	—	X
数据使用者	—	—	X	—	—	—	(X)	(X)	(X)	(X)	(X)	—	X
元数据经纪人	—	(X)	(X)	—	—	—	X	(X)	—	—	?	—	X
清算中心	(X)	(X)	(X)	(X)	—	—	X	—	(X)	(X)	—	—	X
身份提供者	—	X	X	—	X	X	联合	(X)?	(X)?	—	—	—	X
服务提供者	(X)	(X)	(X)	(X)	(X)	(X)	—	—	(X)	(X)	(X)	—	X

续表

	数据所有者	数据提供者	数据消费者	数据使用者	元数据经纪人	清算中心	身份提供者	服务提供者	应用程序提供者	应用商店	词汇提供者	认证机构	评估机构
应用程序提供者	(X)	(X)	(X)	(X)	—	(X)	(X)	(X)	—	(X)	—	—	(X)
应用商店	(X)	(X)	(X)	(X)	—	(X)	(X)	(X)	(X)	—	(X)	—	(X)
词汇提供者	(X)	(X)	(X)	(X)	?	(X)	(X)	(X)	(X)	(X)	—	—	X
认证机构	—	—	—	—	—	—	—	—	—	—	—	—	X
评估机构	(X)	X	X	X	X	X	X	(X)	X	X	X	X	—

注：？为交互关系存疑。

参考文献

[1] NAGEL L, LYCKLAMA D. Design principles for data spaces - position paper[R]. 2021.

[2] STEINBUSS S, OTTRADOVETZ K, LANGKAU J, et al. IDSA rule book[M]. International Data Spaces Association, 2021.

第4章

数据空间规则与运行

本章主要从功能协议、技术协议和法律协议 3 个方面，对数据空间中的规则及其运行进行阐释。其中，功能协议部分定义了数据空间中不同角色的权利和义务；技术协议部分解释了数据空间参考架构模型；法律协议旨在提供相关指南和最佳实践，以便各组织可以定义符合要求的协作规则与法律协议。

4.1 数据空间规则

数据空间规则包括功能协议、技术协议以及法律协议。

4.1.1 功能协议

功能协议定义了数据空间中不同角色的权利和义务。除了参考架构模型中的基本角色和技术角色定义，还须进一步细化角色的分配，以在数据空间中实现操作。具体包括运行数据空间所需的基本服务，以及为实现数据空间所需功能要求的非强制性基础服务，如元数据代理、清算中心和应用商店。启用包括行政管理在内的基本服务对数据空间至关重要。这些任务将在一个或多个支持组织中进行。

（1）基本服务

数据空间参考架构模型中描述的角色模型如图 4-1 所示，数据空间参考架构模型从业务视角定义了一个角色模型，以描述数据空间的基本机制。参与者在数据空间中可以担任的每个角色及每个角色的基本任务都有详细的描述。想要担任某个角色的组织都需要经过认证，包括对该组织采用的技术、物理和组织安全机制的认证。对希望参与数据空间的组织进行认证被认为是在所有参与者之间建立信任的基本门槛，特别是对数据空间整体运作至关重要的角色，如经纪服务提供商、应用商店、身份提供商或清算中心。

数据空间有以下 4 类核心角色。

- 核心参与者。
- 中介。
- 软件开发者与身份提供者。
- 治理机构。

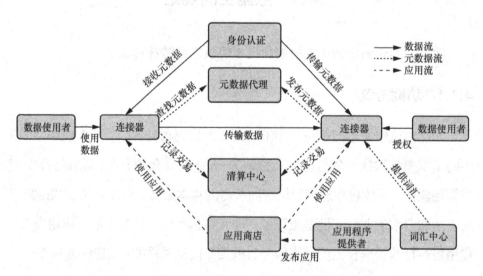

图 4-1　数据空间参考架构模型中描述的角色模型

　　本节描述的规则反映了身份提供者在操作方面的基本服务。

　　基于数据空间的信任、数据自主权使用条款等价值，定义了以下数据生态系统的典型角色。

- 认证机构。
- 认证中心（提供 X.509 证书）。
- 动态属性供应服务（兼容 OAuth）。
- 参与者信息系统（Participant Information System，ParIS）。
- 动态信任管理（Dynamic Trust Management，DTM）。

以上角色必须根据所规定的程序规则运作。此类角色都可以选择"出售"，即它们可以由数据空间官方协会运营，也可以招标给一个或多个服务提供商。此外，以上角色也是数据空间运行的一部分，由服务中心负责协调。其中，服务中心将由独立的法人机构负责运营专业维护服务。

　　包括应用商店、词汇中心和清算中心等在内的角色，对数据生态系统的成功和发展也极为重要，但并非必需，此类角色应当留给市场发展完善。IDSA 作为一个非营利性的数据空间官方协会，在市场竞争前已开展活动，任务是培养形成数据空间下的数据生态系统。

　　数据空间中的基本角色为生态系统提供信任保证，而其他角色需要改善整个系统的可用性，并提高整个生态系统的附加价值。此类角色被称为基础服务，应由生态系统的主要参与者实现。其中，基础服务包括元数据代理、清算中心和应用商店。

　　打造可信数据生态系统还需要数据空间连接器，连接器是安全和可信数据交换的核心组成部分。为此，各公司必须朝着这个方向开发商业和非商业性质的产品，并将其推向市场，例如，在开源方式下定义数据空间连接器的配置文件，并作为产品或 SaaS 产品提供给数据空间参与者。数据空间官方协会还会通过提供示例代码、参考实现、测试平台（如用于互操作性测试的测试服务）、技术规范、入门工具包和开发者社区等形式的共创平台，支持此项产品的开发。

在此，数据空间主张走市场化道路，参与国际竞争和多元化的产品选择，特别是提升中小型企业到跨国公司等各个类型公司的适应能力。

（2）支持组织

支持组织（Support Organization）是确保数据空间解决方案可信的实体。该实体负责协调由多家供应商公司提供的基本服务，它们根据数据空间规则手册及其程序规则来提供服务。具体服务如下。

1）认证机构

为了确保实体之间的数据流动，数字生态系统中的各方必须能够识别和验证自己的身份。身份验证和身份参数的安全存储是基本服务的一部分，身份证书保证了数字通信的安全。

2）评估机构和软件测试

公司和连接器的认证由评估机构实施。此类机构还将在认证前为软件提供咨询和预定义的测试程序。只有经过评估后获得认证的组织和连接器，才可加入数据空间生态系统。

3）动态属性供应服务和参与者信息服务

有效地管理证书和元数据，使用动态属性供应系统简化流程并降低成本。

4）促成服务（Enabling Service）

数据空间支持组织提供连接其他服务的接口，通过对接相关合作伙伴，使参与者能够加入数据空间。数据空间为了业务发展，还提供连接器、核心组件或测试设施的开源与商业方案。

数据空间支持组织还将梳理与组织流程，确保市场上的公司提供的基本服务，达到所需要的供应和服务水平。

数据空间支持组织的核心工作包括组织基本服务和充当认证机构。

5）基本服务提供者的管理

数据空间支持组织必须为管理基本服务提供者进行以下工作。

- 管理程序规则。

- 报价咨询。

- 选择服务提供者。

- 分配服务提供者。

- 服务提供者的加入、退出。

- 计价。

- 提供支持的联络点（一级支持仍然是服务提供者，包括评估人员的职责）。

任何接受程序规则和服务水平协议的公司都可以提供基本服务。

6）认证机构

数据空间支持组织接管数据空间的认证机构角色，包括接管以下技术工作程序。

- 数据空间支持组织接管作为官方认证机构的角色。

- 数据空间支持组织接收并评估各组件的评估报告。

- 数据空间支持组织接收并评估各组织的评估报告。

- 数据空间支持组织根据评估结果，对认证中心为组件和组织提供的数字证书进行评估。如果评估通过，则提供数字证书。

- 数据空间支持组织在动态属性供应服务中，登记该组件和组织。
- 数据空间支持组织更新参与者信息服务。

（3）其他服务与角色

除基本服务外，其他角色也需要进一步定义，以便数据空间可以投入使用。此类服务与角色包括服务提供者、认证机构、评估设施以及不同服务之间的互操作。认证机构负责批准认证计划中的评估机构，以下是认证机构的职责。

- 提供评估机构的申请表。
- 检查申请的完整性和一致性。
- 告知申请人申请材料不完整。
- 为所有申请成为评估机构的公司建立数据库。
- 存储所有的申请文件。
- 对申请成为评估机构的实体进行审计。
- 确定接受哪些实体成为评估机构。
- 安排审计工作并排定时间表。
- 对 3～4 个领域进行审计，包括质量管理体系、安全管理体系、评价机构能力、设备及其处理（应用范围：组件认证）。
- 编写初步报告审计结果。
- 在最终讨论中讨论初步报告。
- 指出相关问题与最终的纠正措施。

根据审批程序，认证机构向申请成为评估机构的申请人提供审批报告，该审批报告将由认证机构保存。审批报告说明拒绝还是批准该实体成为评估机构。如果拒绝，申请人将获得通知。被批准的评估机构将收到由认证机构提供的评估机构标识符和批准声明。

在评估机构对申请人进行评估期间，认证机构将提供流程支持并见证评估过程。同时，认证机构将审查评估报告并提供证书。

4.1.2 技术协议

（1）数据空间参考架构模型

数据交换和数据共享对于数据驱动的商业生态系统至关重要，数据自主权也是必要的。数据空间参考架构模型（IDS-RAM）定义了数据自主权、数据共享和数据交换的基本概念。数据空间参考架构模型专注于对数据空间的概念、功能和创建安全可信数据网络所涉及的流程进行概括，并抽离出高于具体软件解决方案的常见架构模型。本节提供数据空间参考架构模型概述，并通过专门的架构规范定义了数据空间的各组成部分。

数据空间参考架构模型由 5 个层次组成：其一，业务层规定和分类数据空间参与者可以担任的不同角色，并规定与每个角色相关的主要工作；其二，功能层定义了数据空间的功能要求以及从要求中派生出的具体特性；其三，过程层规定了数据空间不同组件之间的交互，提供了参考架构模型的动态视图；其四，信息层定义了概念模型，描述数据空间中静态和动态的数据连接；其五，系统层关注逻辑软件组件的分解，考虑组件的集成、配置、部署和可扩展性等方面。

此外，数据空间参考架构模型还包括需要在 5 个层次上考虑安全、认证和治理 3 类视角。安全视角定义了数据空间的常见安全措施以及数据使用控制的概念，认证视角描述了认证计划作为数据空间中每个交互的基础，治理视角描述了数据空间中角色的责任。

（2）数据空间认证标准

认证是数据空间参考架构模型中的一个视角。数据空间的认证方法在数据空间认证方案中有详细描述。

（3）互操作性测试

组件的评估机构也需要进行评估，以确保数据空间规范实施，实现组件安全可靠地使用。同时，确保所有评估的可衡量性也是必要的，以使得评估是安全可靠的，并能保证认证的水平。

- 所有的评估机构都在"数据空间参考测试平台"上进行一致性测试，其依据是认证工作组的规定，以及数据空间技术指导委员会的规范。

- 所有的评估设施都以一种可衡量的方式评估数据空间标准目录中所列举安全要求的履行情况。

- 评估机构只有在一致性和安全性测试都通过的情况下，颁发证书。

- 为了确保评估机构有能力按照规范进行评估，认证机构在批准评估机构之前，必须对其能力进行评估。

- 确保组件之间的互操作性是评估的一个重要方面。

（4）数据空间规范文件

数据空间规范文件旨在向公众提供数据空间的规范文件。虽然数据空间参考架构模型和其他文件可以通过公开文件来源获得，但数据空间规范文件是侧重于开发和测试的数据空间解决方案文件，包括技术文档和接口描述。数据空间规范文件的主分支具有稳定性，是开发和维护基于数据空间解决方案的可靠基础，是在数据空间技术指导委员会维护下开展的。

4.1.3　法律协议

从根本上讲，数据空间建立在数据自主权原则这一前提下，任何在其业务中使用数据空间的组织，可以自行决定它们遵守哪一类数据空间框架、与谁分享数据，以及在何处使用数据。

数据空间只是一个功能性框架，可以根据参与组织的要求进行定制。虽然数据空间标准使所有参与者能够按照协商的规则和程序行事，但它不会对数据空间的使用施加任何限制或执行上的预定义。

是否需要法律协议取决于数据空间的类型，具体如下。

- 数据市场是由数据空间促成的环境，组织可以通过清算中心将数据提供给任何自愿参与方进行货币化交易。此外，应制定法律协议来解决与货币化数据相关的责任、成本或者收益分享等问题。

- 数据交换是指数据空间所提供技术标准，以便已知的双方以实现互操作的方式交换数据。改进业务流程所带来的好处包括提高效率和开发新型合作模式。数据提供者和数据消费者之间通常有一份数据交换协议，作为数据交换的双边合同。但是，如果涉及多方，则可能需要更全面的规则手册。

- 数据生态系统是基于多个组织协作形成数据共享网络的数据空间。在此背景下，数据空间可被视为在特定的生态系统中实现数据自主权"即插即用"的实现方法。此类数据空间可以采用自己的数据空间特定规则手册，其中包括必要的多方法律协议。

在数据生态系统中，组织可以使用规则手册模板设置特定数据空间的规则手册，从而显著简化规则手册的创建和维护过程。

执行数据共享协议并根据不同领域公司的特定需求进行调整，从技术基础设施到业务、法律和道德各个方面，都增加了互操作性，促进了跨生态系统、跨领域的数据使用。

规则手册模板使用数据空间参考架构模型中定义的角色和术语，并在特定的数据空间中明确以下内容。

- 数据空间需要什么中介角色（如经纪人、清算中心等），谁将操作特定的数据空间？
- 组织如何处理认证？
- 参与者应该采用哪些数据访问和使用策略？
- 应该使用哪些数据语义词汇表？
- 参与者的责任有哪些？
- 数据空间的治理结构是什么？

作为一般原则，数据生态系统在处理数据时应保持公平、平衡和合法原则，并确保第三方的权利不受侵犯。

此外，方案所有者是管理规则和协议的组织。方案所有者和方案参与者之间的关系根据加入协议和相关使用条款进行定义，以确保数据共享方案中各方的法律责任。尽管参与者可以达成额外协议，但此类责任涵盖方案所有者与参与者之间，以及参与者之间的所有责任。参与者可以选择遵守这些协议，并相应地创新他们的商业模式和实践。其中，数据是一个关键的推动因素。

芬兰国家研发基金（Sitra）提供了名为《公平数据经济规则手册》的模板，可供期望建立数据空间的组织使用。它考虑了商业、法律、技术和道德方面，涵盖了角色和责任等主题，并为法律协议提供了标准化模板。规则手册的合同框架由以下 4 个部分组成。

- 一般条款和条件。
- 治理模式。
- 加入协议。
- 数据集使用条款。

数据网络的描述即数据生态系统，包括业务部分和技术部分。

此模板使组织能够为其数据生态系统建立合同框架。参与者必须仔细规划、设计和记录他们的数据生态系统，并通过修改和补充模板的方式，最好地为他们所需求的合同框架服务。

4.2　数据空间运行程序

本节描述了数据空间中不同组件之间发生的交互，从而提供了参考架构模型的动态视图，流程及子流程如下。

- 加入，即成为数据提供者或数据消费者，并获得访问数据空间的权限。
- 数据提供，即提供数据或检索合适的数据。
- 合同谈判，即通过对使用政策的谈判，接收数据的提供。
- 数据交换，即在数据空间参与者之间传输数据。
- 发布和使用数据空间应用程序，即与数据空间应用商店交互或使用数据空间的数据应用。
- 策略执行，即数据空间中执行数据的使用限制。

以上流程与数据空间的核心价值主张相关，并在业务层部分引入相关角色。

4.2.1　加入

组织在成为数据空间中的数据提供者或数据消费者之前，需要进行以下两个准备步骤。

- 注册和认证。
- 获取经过认证的数据空间连接器。

在完成以上预备工作后，组织可以根据以下步骤在实际场景中部署任意数量的数据空间连接器。

- 提供和配置连接器。
- 进行可用性设置。

加入程序流程如图 4-2 所示。

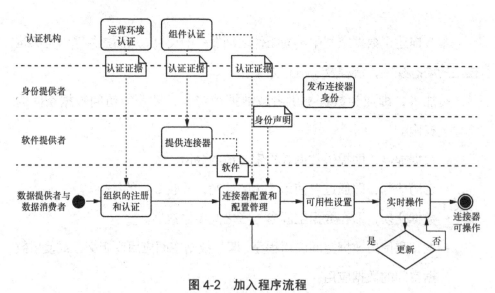

图 4-2　加入程序流程

（1）组织的注册和认证

任何想要作为数据提供者、数据消费者操作数据空间连接器（为了在数据空间交换数据）或提供其他数据空间组件的组织，都需要通过操作环境认证。身份提供者将被告知该组织是否被允许在数据空间中运行组件并申请组件身份证书。在认证后，参与者信息将被直接填充至初始页面。支持组织将会收到组织认证成功的信息，并提供有关新数据空间实体的元数据。信息提供不属于数据空间交互的一部分，且必须通过通信措施进行管理。支持组织将检查声明的准确性，验证信息，并实例化一个新的数据空间 PavIS 服务。另外，建议每个参与者将自我描述托管在其选择的公共可访问端点上，最好是其自我描述文档的定位器（HTTP URL）与使用的参与者统一资源标识符（Uniform Resource Identifier，URI）相同。此类最佳实践使参与者可以通过每个 HTTP 客户端进行查找或引用 URI，并因此简化相关信息的检索发现流程。然而，如果自己提供的参与者自我描述与参与者信息服务中的元数据不同，则后者更具可信度，因为其声明已由支持组织事先验证。

（2）准备工作：获取经过认证的数据空间连接器

组织需要向软件提供者申请数据空间连接器，或者使用自己的数据空间连接器。数据空间连接器是加入数据空间的核心技术组件。数据空间连接器在被使用之前，必须通过数据空间组件认证，以确保达到安全性和互操作性。

（3）连接器配置和供应

参与数据空间生态系统的每个数据空间连接器都必须在数据空间中具有唯一标识，该标识由数据空间身份提供者发布或确认。必须将身份提供者所需信任锚点（如认证机构的根证书）配置到连接器中，以便验证通信伙伴提供的身份信息。

此外，每个连接器都应提供自我描述，供其他数据空间参与者阅读。相关组织需要在数据空间连接器配置和提供过程中创建此描述。此外，为了建立更高级别的信任，相关组织还应向连接器提供已签名的元数据，这些元数据可用于证明数据空间连接器及其操作组织的认证级别。

对于组织而言，另一个强制性步骤是在数据空间连接器中配置和连接现有系统。因此，创建适当的数据空间元数据（使用政策等）并启用数据交换，十分重要。

（4）可用性设置

数据空间连接器必须使数据生态系统中的其他数据空间参与者可用。每个数据提供者和数据消费者都有权决定是否要在数据生态系统中公开发布其数据空间连接器及其数据资源。

4.2.2　数据提供

想要在数据空间中提供数据产品的参与者需要完成相关步骤。最简单的方式是，数据提供者一开始就充分知晓数据消费者，并直接提供有关可用数据资产、选择端点和访问机制的信息。这种双向数据交换绕过了大部分数据空间基础设施组件，并将额外的工作量降至最低。

然而，在典型的数据空间用例中，数据提供者不知道哪些参与者对所提供的数据感兴趣，甚至在发布数据集时，可能不知道其他数据消费者的存在。在这种情况下，适当的描述和广告至关重要，以便促成商业交易。

数据空间定义了用于解决这类挑战的方法，其中包括指定与技术无关的数据自描述语言，以及托管和搜索自我描述所必需的基础设施组件。在任何情况下，原始数据提供方始终是所有信息的来源。因此，一般情况下任何中间人都不能更改或操纵所接收到的自我描述的内容，除非出现明显错误的数据，或为了保护数据空间的可操作性，例如，出现网络钓鱼或其他恶意内容，需要遵守版权保护等法律要求，或者出现类似于语义错误这类较轻微的问题。

除了少数情况，数据提供者如果全面地描述其数据资产，能帮助其最大限度地吸引感兴趣的数据消费者；如果其遵守被广泛接受和认可的通用标准，能帮助其简化对潜在商业伙伴的发现过程。数据空间信息模型为自我描述及其基本建构（如使用契约、端点描述或数据资产的内部结构）提供了模式。

在创建数据产品时，数据提供者可以重复使用上文中现有标准来对数据本身进行（语义）描述，或者创建数据的（语义）描述。在数据空间词汇表中心注册词汇表流程如图 4-3 所示。这些词汇表可以发布到词汇表中心，并链接到自我描述。此设计时（Design-Time）中的步骤支持数据空间的语义互操作性。虽然在数据空间中描述数据的语义模型通常是一类良好实践，但词汇表也可以利用其他概念。

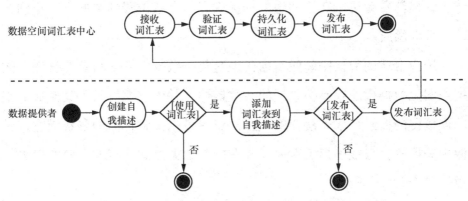

图 4-3　在数据空间词汇表中心注册词汇表流程

（1）数据提供者的自我描述

典型数据发布流程的第一步是正确创建数据资产自我描述。通常，数据空间连接器提供创建和维护它们的技术方式，如合适的图形用户界面，如达到语法和语义上正确的自我描述，它们将被部署在数据提供者的数据空间连接器上，其他数据空间连接器可以通过其端点访问。

因发出请求的数据空间连接器不同，返回的自我描述可能会有所不同。因此，数据空间连接器可以在不同条件下为数据空间生态系统的不同参与者提供不同的数据。自我描述还可能包括特定领域的本体或通用键（值）的元素，具体取决于生态系统的领域。

（2）数据空间元数据代理

数据提供者希望在数据空间的中央组件中公布创建的自我描述，而不是仅仅在自己的数据空间连接器实例中提供。因此，数据提供者可以将自我描述发送到负责的中央数据空间基础结构组件，即数据空间元数据代理。数据空间元数据代理是数据空间中的一个组件，除了原始数据空间连接器本身，还允许发布数据空间资源和数据空间连接器的自我描述。数据消费者可以在不知道数据提供者存在或位置的情况下，找到合适的数据供应。

选择合适的数据空间元数据代理是每个数据空间参与者的责任。数据空间元数据代理存储接收到的自我描述，并使它们可用于其他数据空间连接器的搜索请求。潜在的数据消费者可以搜索存储的自我描述，过滤相关报价，与数据提供者协商并在托管数据空间连接器上获取相关的数据资产。

托管数据资产的数据空间连接器是数据资产自我描述的唯一真实来源，

这意味着，控制数据空间连接器的参与者可以随时更改数据资产及其自我描述。尽管建立可靠和值得信赖的业务合作伙伴声誉可能符合其利益，但它可能需要在不另行通知的情况下部署更新。数据提供者还可能想要将更新通知某些其他的数据空间连接器，但数据提供者既没有义务这样做，也没有必要提供旧的数据资产或自我描述。因此，合适的自我描述文件的存在并不能充分证明相关数据资产的存在。此外，数据消费者希望在原始的数据空间连接器中获取最新版本的自我描述。

尽管如此，数据提供者也有兴趣在数据空间元数据代理处进行分布式自我描述，以避免差错。它可以通过向托管旧版本自我描述的数据空间元数据代理发送更新请求，也可以通过发送新的自我描述来实现，并使用与先前的自我描述相同的标识符。然后，数据空间元数据代理将更新它们存储的实例。需要注意，数据空间元数据代理也可能存储以前版本的自我描述，如用于存档等目的。创建自我描述的数据空间连接器有权在数据空间元数据代理处更新其自我描述，但也可以指定其他数据空间连接器执行其自我描述的更新请求。例如，数据提供者操作多个数据空间连接器，并且最初创建自我描述的数据空间连接器不再处于活动状态。在这种情况下，参与者仍然能够控制其自我描述。但是，任何数据提供者都没有义务在数据空间元数据代理处发布数据资产。

如果数据消费者有其他选择来查找和定位数据交换合作伙伴，其也不会被迫在数据空间元数据代理处开始集成。尽管如此，两者都可以使用以下主要交互模式与数据空间元数据代理进行交互。

1）数据提供者注册自我描述

在数据空间元数据代理处注册自我描述流程如图 4-4 所示，数据提供者将自我描述文档发送给数据空间元数据代理。自我描述必须已经完成并且符合数据空间信息模型规范，后者通常使用 RDF 类 ids:Connector 和 ids:Resource 的表示形式。然后，由数据空间元数据代理检查自我描述语法的正确性，并将其保存在其本地数据库中。需要注意，其不检查语义的正确性以及所提供信息的合理性。

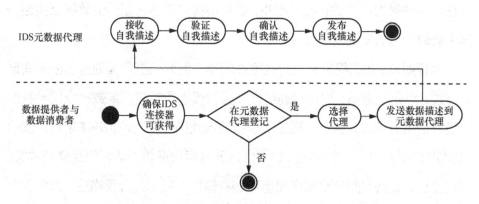

图 4-4　在数据空间元数据代理处注册自我描述流程

与其他生态系统不同，数据空间元数据代理不会主动爬取或通过搜索更新自我描述，而是由原始数据提供者提供。因此，如果数据提供者未更新自我描述，数据空间元数据代理将不对过时或错误的信息负责。

数据提供者可能会被要求根据某些使用控制模式限制其自我描述的发布。例如，数据提供者可以在使用合同中提供列表禁止向其竞争对手的数据空间连接器显示其自我描述。数据空间元数据经纪人对已经发布的元数据进行解释并提供控制功能。

2）搜索自我描述的数据消费者

数据消费者可以在数据空间元数据代理目录中对数据提供者进行搜索。因此，数据消费者需要选择一个合适的数据空间元数据代理并确定其查询水平，数据空间元数据代理可能因其已发布元数据的主题覆盖范围或查询功能的不同而有所区别，如支持图形搜索界面或特定领域的查询语言。

之后，数据空间元数据代理将查询结果返回给数据消费者，由于其会根据数据提供者定义的使用策略过滤显示的数据，所以查询结果可能因请求的数据空间连接器不同而不同。数据消费者需要筛选检索结果，以找出可用的不同数据源。为了方便数据消费者访问每个数据空间连接器的自我描述，了解有关接收所需数据集的信息，每个查询结果必须析出能够提供所需数据的数据空间连接器的信息。数据提供者可以使用不同的表示形式或定价选项来提供相同的数据，因此，数据消费者可以从数据提供者处选择合适的报价。查询数据空间元数据代理流程如图 4-5 所示。

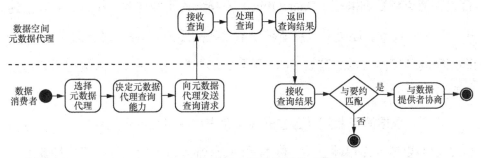

图 4-5　查询数据空间元数据代理流程

数据空间元数据代理服务器不提供词汇表，但连接器搜寻数据提供者或数据集时，在自我描述中提供词汇表的引用信息，如有必要，还提供对词汇表中心的引用信息。当数据消费者的连接器在数据空间元数据代理服务器查询或直接从数据提供者连接器查询自我描述时，数据消费者的连接器可以通过使用可被连接器使用的词汇，验证数据是否被提供。如果数据无法被提供，则连接器可以执行以下内容。

- 从数据提供者处获取不同格式的数据，或搜索、调用根据其他数据方案对数据进行转换的服务。

- 手动对接接口，实现数据交换和使用。此项任务相当耗时，因为需要手动对接所需的接口或代码。

- 选择不同的数据提供者，为数据消费者提供可用的模式、格式和所需的数据。

3）爬虫以获取自我描述

在数据空间生态系统中，查找相关数据的另一种方法是联合数据目录。这种方法是基于实现联合缓存节点（Federated Cache Node，FCN）和联合缓存爬虫（Federated Cache Crawler，FCC）的爬虫架构。数据空间连接器的联合缓存节点将数据供应（Data Offer）公开给其他参与者，作为其自我描述的一部分，此外，还可以直接请求获取自我描述内容中的其他信息。另一个数据空间连接器可以通过其 FCC 爬取已知的数据提供者，来缓存所有可用的数据产品。

之后，数据消费者可以通过查询缓存来搜索可用的数据供应，该缓存由FCC 定期更新或由事件驱动。FCN 和 FCC 都可以作为数据空间连接器的一部分，或作为单独的服务进行部署。在一个生态系统中，提供可用数据的多个"快照"，联合架构可实现分布式查询。根据数据空间的大小，一个数据消费者可以使用多个爬虫，而大型数据空间可划分为多个爬虫区域。此外，它还可以混合设置，涵盖数据空间连接器的"点对点"爬取，并由数据空间元数据代理完成爬取。

FCC 需要对数据生态系统中的所有参与者进行描述，以便与运行中的数据空间连接器进行交换。FCC 可以通过查询中央数据空间实体中已知的参与者信息，获得其他参与者的初始描述，例如，可以查询数据空间元数据代理，了解已经发布资源的其他数据空间连接器。如果其他数据空间组件提供了查询活跃参与者的接口，也可以从中得到相关信息。例如，数据空间组件可以提供一个接口，显示在过去一段时间内，哪些数据空间连接器一直在与它积极地进行通信。FCC 可以根据此，优先爬取活跃的参与者。

爬行自我描述和元数据代理示意图如图 4-6 所示。

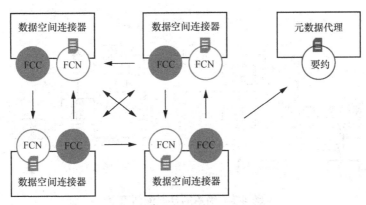

图 4-6　爬行自我描述和元数据代理示意图

4.2.3　合同谈判

连接器自我描述基本上包含关于可用数据资产的描述性信息，此类信息还包括合同要约形式的使用控制信息。合同要约描述了数据提供者愿意在什么条件下向数据消费者提供数据，并从简单的访问限制到复杂的事前和事后职责进行了规定。

在数据空间连接器使用控制框架推进的（半）自动协商过程中，数据消费者和数据提供者需要分别就数据使用合同和合同协议达成一致。简单的合同谈判流程如图 4-7 所示，更详细地展示了此过程。

（1）基本流程

图 4-7 是达成合同协议的必要流程的最简化版本。数据提供者事先已将合同要约附加到数据要约中，并作为数据空间连接器自我描述的一部分返回给数据消费者。但是，数据消费者可以随时提交合同请求，即使尚无合同要约。需要注意，由于这是一个独立于技术的消息流，因此未考虑适当的响应。图 4-7 所示流程可以同步运行，也可以异步运行，并且可以随时取消。

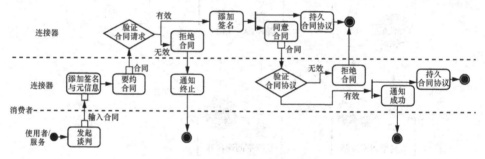

图 4-7　简单的合同谈判流程

图 4-7 中，协商流程由数据消费者的数据空间连接器向数据提供者发送合同请求。本合同请求的内容可以不同于合同要约，也可以按照合同要约被原样采用。此外，合同中的元信息相应地被修改（如日期、条款或签名）。一旦数据提供者的数据空间连接器收到合同请求，会通过语法、内容和签名等方式，对其有效性进行检查。由于图 4-7 着重于简化流程，没有涵盖反合同要约，因此，合同请求只有被拒绝或被接受两种可能性。

合同协议也将在数据提供者的数据空间连接器中签署，并且为了确认合同，数据消费者在被告知合同协议后，需要再次验证内容并签名。如果失败，数据消费者将不会引用本合同协议调用任何后续数据操作。

一旦达成合同协议，它就会在两个数据空间连接器中开展实例化工作和部署。此时，两个数据空间的连接器都拥有必要的信息，以供日后执行策略。

在流程运行的任何期间内，参与者如果不同意共享内容，则可以拒绝签署合同。合同被拒绝后，流程即被中止。已连接的系统或用户会收到通知，并且先前保存的合同协议也会被撤销。此外，原有的协商流程不会再被重新激活，但可以随时启动新的协商流程。

（2）清算中心

为了实现信任或对某些数据空间的监管，清算中心也将参与相关活动，扩展合同请求或要约的批准。合同请求验证成功后，数据提供者在本地签署并存储合同协议，并将其发送到清算中心。清算中心参与的合同协议流程如图 4-8 所示。

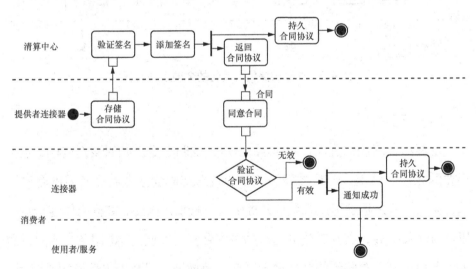

图 4-8　清算中心参与的合同协议流程

在收到数据提供者的合同协议后，清算中心首先检查两个相关连接器的签名，然后自己签署合同协议。提供者连接器将三重签名的合同协议返回给数据消费者，数据消费者最终可以检查所有签名，以确保合同协议包含被请求的内容。

（3）颠倒流程顺序

由数据提供者发起的合同谈判流程如图4-9所示，描述了简单协商流程，在这种情况下，数据提供者发起协商。应该注意的是，由于数据提供者是提供数据的人，因此它始终是最后签署合同协议的。如果需要，可将合同协议发送给清算中心。

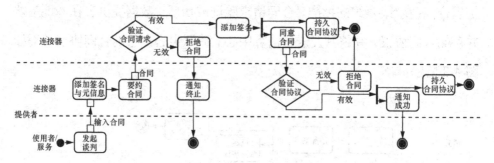

图4-9　由数据提供者发起的合同谈判流程

（4）反要约

反要约合同谈判流程如图 4-10 所示，说明了更复杂的谈判流程，包括反要约和外部输入。一旦数据提供者的数据空间连接器收到有效的合同请求，会通知感兴趣的用户或系统并提供输入接口。因此，数据空间连接器可以通过功能扩展，在一定范围内自动协商合同，如使用 AI 服务。同时，服务或用户还可以对收到的合同表示同意或者拒绝，以及提出反要约或谈判。此外，一旦传入的合同被验证并且达成协议，它将会被两个数据空间连接器持久化地执行。

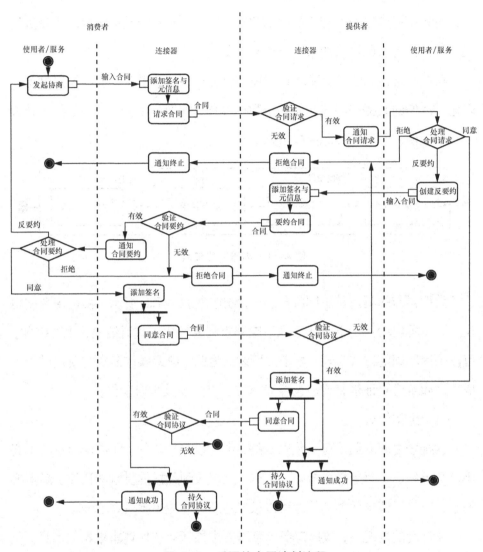

图 4-10　反要约合同谈判流程

4.2.4　数据交换

成功接入后，数据消费者或数据提供者的操作，即沟通阶段，流程如图 4-11 所示，可以分为两个阶段：控制阶段和传输阶段。在控制阶段，两个参与者使用数据空间特定的通信协议，并通过一系列流程和合同协商进行数据传输。各自的协议约束由 IDSA 定义。

在传输阶段，如果上述所有过程都已完成，数据消费者和数据提供者可以通过他们的数据空间连接器调用数据操作，如数据上传或下载、数据转换或数据查询，并开始实际交换数据。

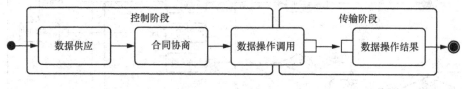

图 4-11　沟通阶段流程

数据操作的调用是控制阶段的一部分，如图 4-11 所示，由引用合同协议的连接器启动。由于后续流程不应绑定到通信协议或通信模式上，因此，可以采用不同的方式实现，如下文所述。为此，数据操作请求需要提供相关信息，如身份验证信息或协议详细信息，以实现技术自动化。

（1）通信模式

连接器之间的通信可以是同步的，也可以是异步的，即数据消费者不必等待结果到达，而是会在结果可用时，立即收到数据提供者的通知。最重要的是，有关所请求数据的信息可以被推送，而不是必须主动查询。

在订阅的情况下，数据消费者可以要求更新有关所请求数据的信息。更新的数据可以在特定事件之后（如数据提供者更新数据之后）或在特定时间间隔内（如每 5min）提供。在推送请求的情况下，数据消费者会反复从数据提供者处接收更新的查询结果。在拉取请求的情况下，数据消费者可以重复上述流程，以再次查询数据。

（2）通信协议

为了满足对数据量和实时传输的各种要求，传输过程不局限于特定的协议。技术限制仅与应用系统的技术限制相关，而不与连接器组件相关。

1）通过相同的基础设施和协议传输数据

无论是同步还是异步，数据提供者的连接器都可以在不使用专有系统或协议的情况下，响应数据操作结果。在此过程中，所有信息流将直接在使用数据空间协议的两个连接器之间运行。

2）通过另一个基础设施或协议传输数据

带外数据交换流程如图 4-12 所示。作为替代方案，在调用数据操作之后，数据消费者的连接器可以获取提供的信息，并直接在作为数据源的数据提供者系统和作为数据接收器的数据消费者系统之间建立连接。

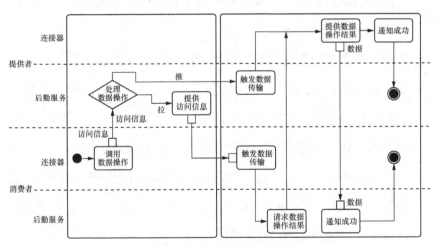

图 4-12　带外数据交换流程

（3）语义互操作性

语义互操作性对于数据空间中的数据交换至关重要。这始于设计时，体现在数据提供以及在发布和查询自我描述过程中。在数据交换过程中，词汇中心和词汇表用于查询功能并实现语义互操作性。支持语义互操作性与相关活动如图 4-13 所示，遵循以下步骤。

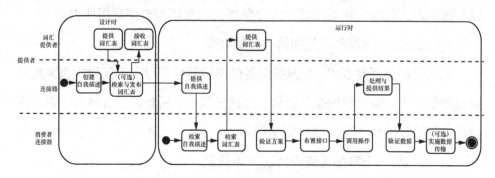

图 4-13　支持语义互操作性与相关活动

- 在设计时，数据提供者可以发布词汇表或使用已发布的词汇表。
- 在数据消费者以同步或异步方式调用数据操作之前，数据消费者的连接器将加载一个或多个词汇表。
- 数据消费者的连接器可选择适当措施验证方案开展实施。
- 基于词汇表，数据消费者可以通过所要求的接口进行数据传输。
- 在数据传输期间，尤其在数据传输后，可以根据给定的词汇表验证数据。如果数据无效，则消费者连接器可以不接收数据。
- 在数据传输之后，为了使用数据，可能需要进行一些额外的处理，如 ETL（Extract, Transform, Loading）工具，即提取、转换、加载。此时，连接器可以使用数据应用程序。

（4）使用控制

所有通信模式和协议都必须确保使用控制（涵盖协商的合同协议的内容）得到执行，并且在数据传输过程中，所涉及的连接器至少包含基于事件的通知。

4.2.5　发布与使用数据空间应用程序

数据空间连接器可以使用数据空间应用程序执行特定的数据处理或转换任务。其中，数据转换的用例是数据空间应用程序解析带有地址信息的单个字符串字段，并生成由街道名称与号码、邮政编码、城市名称和国家名称组成的数据结构。

数据空间应用程序由应用程序提供者创建，并在数据空间应用商店发布，"数据空间应用程序发布"流程如图 4-14 所示。为了发布，某些数据空间应用程序需要经过认证机构的认证。不管是否需要认证，发布数据空间应用程序都需要应用程序提供者将应用程序镜像（App Image）推送到应用商店的应用程序注册中心（App Container Registry），然后发布应用程序元数据。对于每个成功发布的数据空间应用程序，相应的元数据和应用程序镜像都存储在数据空间应用程序商店中，数据空间参与者可以通过应用程序商店提供的搜索界面检索。

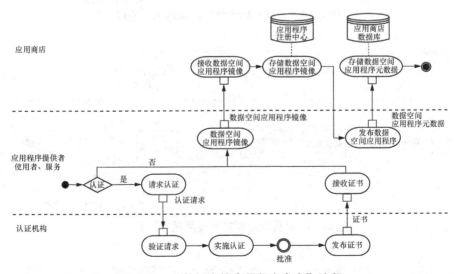

图 4-14　"数据空间应用程序发布"流程

在使用数据空间应用商店提供的数据空间应用程序时，数据空间参与者需要执行图 4-15 描述的流程。数据空间参与者在此称为"应用程序用户"，可以使用数据空间应用商店的搜索界面，通过数据空间连接器寻找合适的数据空间应用程序，如图 4-16 "查找数据空间应用程序"子流程所示。"查找数据空间应用程序"子流程完成后，应用程序用户可能需要为所选的数据空间应用程序付费，由"数据空间应用程序付费"子流程表示，概念上类似于合同谈判，可以在应用程序用户和应用程序提供者之间直接完成，或在必要时通过清算中心完成。

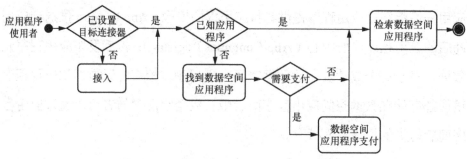

图 4-15 "使用数据空间应用程序"流程

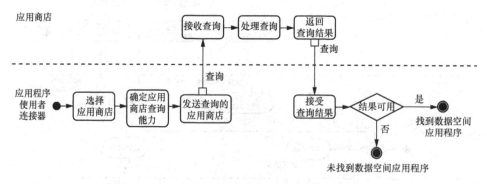

图 4-16 "查找数据空间应用程序"子流程

如果参与者在数据空间应用商店中找到了合适的数据空间应用程序，例如，在功能上匹配，并与应用程序用户的数据空间连接器技术要求兼容，那么可以通过图 4-17 所示的"检索数据空间应用程序"子流程请求数据空间应用程序。该子流程包含应用程序用户与应用商店的两个主要交互，首先，检索数据空间应用程序的元数据，再拉取其镜像并在应用程序用户的数据空间连接器中部署。

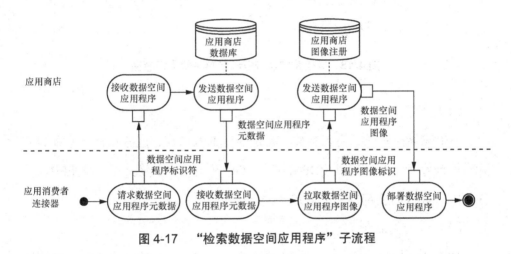

图 4-17　"检索数据空间应用程序"子流程

4.2.6　策略执行

数据使用限制的执行（策略执行）可以以不同的形式表现和实现。组织规则或法律合同可以被取代，或者与技术解决方案一并使用，从而引入新的安全级别。反之亦然，技术解决方案可以与组织规则或法律合同一起使用，如以补偿技术解决方案缺失的功能。

尽管组织规则是解决数据使用控制限制的常用解决方案，但数据空间侧重于技术执行。为了执行数据使用限制，系统的操作需要通过控制点，即策略执行点（Policy Enforcement Point，PEP）进行监视和潜在拦截。此操作必须由决策引擎，即策略决策点（Policy Decision Point，PDP），来判断，以许可或拒绝请求。除了仅允许或拒绝一个操作，决策引擎还可能需要修改该操作。通信策略执行点和策略决策点示意图如图 4-18 所示。

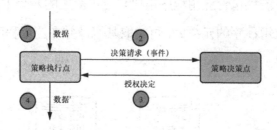

图 4-18　通信策略执行点和策略决策点示意图

（1）策略执行点

PEP 有两个主要任务。首先，它是执行的入口点，这意味着它是数据或元数据被停止并被传输到 PDP 的点，PDP 做出决定并将其返回给 PEP。其次，PEP 会根据决定操作或锁定数据。

（2）策略决策点

如前所述，PDP 根据 PEP 发送的数据和存储的策略做出决策，策略规定了条件和义务。评估的结果被发送到 PEP 执行。PDP 还根据上下文信息和指令来解释策略。这意味着策略决策还可能取决于系统操作本身不存在的其他信息，包括上下文信息，如数据流或实体的地理位置。其还可以指定在决策之前（如环境的完整性检查）和之后（如使用后删除数据项）满足的前置或后置条件。此外，可以定义必须在使用期间满足的条件，如仅在工作时间。此类条件通常规定了在使用数据之前、期间和之后必须满足的约束和权限，这与本节中介绍的其他组件相关联。

（3）策略信息点

策略信息点（Policy Information Point，PIP）是在策略评估过程中确定上下文信息等信息的组件，这些信息可以在 PDP 中用于决策制定。

（4）策略实施点

策略实施点（Policy Execution Point，PXP）是用于执行指令或要求的组件，该指令或要求可以在决策之前执行，成功执行相关指令或要求可以作为条件包含在内，也可以在做出决策后执行。

（5）策略管理点与策略行政点

策略管理点（Policy Management Point，PMP）和策略行政点（Policy Administration Point，PAP）不是执行活动必要的组件。此类组件对于规范和管理使用策略很重要。PMP，顾名思义，负责策略的管理或处置。它使 PDP 可以使用、激活、停用和删除策略。PAP 通常通过用户友好的图形界面，支持使用策略的创建和规范化。

（6）数据空间连接器中的交互

数据空间连接器内的使用控制组件流程如图 4-19 所示，为数据空间连接器中的一类示例流程。假设有一项策略描述道，数据只能在连接器位于某一区域内，并且在使用数据后将使用情况发送到清算中心（日志）时，才能使用。假设已为策略决策点设定了此类策略，并且实施该策略的组件可用。无论是数据的发送还是获取，现在需要一个流程来执行数据提供者端的访问控制。要实现数据使用控制，数据消费者端也必须有一个流程。

重点关注数据消费者端的使用控制情况，其用法也类似于访问控制。图 4-19 是一幅组件图，它包括接收数据的数据空间连接器和带有独立使用控制容器（Usage Control Container）的使用控制组件。数据空间组件（IDS PEP、IDS PIP、IDS PXP）是更通用和标准化的组件，此类组件连接到特定实现的策略引擎或框架（PEP、PIP、PXP），以便能够执行后者。

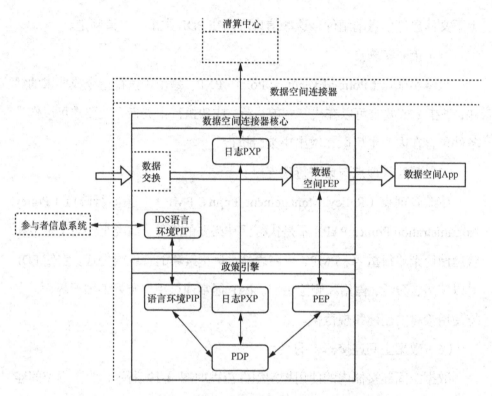

图 4-19　数据空间连接器内的使用控制组件流程

　　数据空间连接器的核心组件对数据空间连接器至关重要。其了解数据的路径，因此可以在适当的点集成 PEP。此活动可以在数据离开数据空间连接器核心时完成，也可以通过拦截器模式完全控制数据流。如果数据要流向数据接收器（应用程序、存储），数据空间连接器核心就会知道目的地并且知道数据的身份识别信息。此外，信息通常以元数据的形式传输。在数据直接流动之前，策略执行点将所有需要的信息发送给策略决策点。该解决方案可以在数据空间连接器核心中实施，也可以作为独立应用程序（作为数据空间连接器应用程序运行）实施，但原理是一样的。

PDP 分析策略, 必须通过数据空间连接器核心连接到可以提供关于数据空间连接器位置信息的系统。例如, 数据空间参与者信息服务用于解析位置信息。如果数据空间连接器位于所在的区域内, 数据就会被发布, 并且策略执行点无须更改任何内容。PDP 将此决定通知 PEP。现在有指令在清算中心记录数据使用信息, 连接到清算中心的 PXP 负责通过数据空间连接器核心记录使用信息。使用此 PXP, PDP 可以记录 PEP 和 PIP 提供的重要信息和参数[1]。

具有上下文信息（PIP）和执行（PEP）调用的使用控制示例如图 4-20 所示。

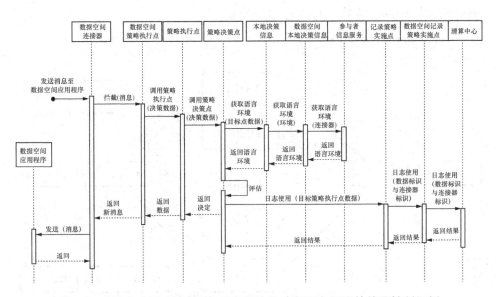

图 4-20　具有上下文信息（PIP）和执行（PEP）调用的使用控制示例

参考文献

[1] STEINBUSS S, OTTRADOVETZ K, LANGKAU J, et al. IDSA rule book[M]. International Data Spaces Association, 2021.

第5章

数据空间的架构及组件构成

数据空间的核心组件包括连接器、身份认证、应用商店和应用程序提供者、元数据代理、清算中心以及词汇中心。

数据空间架构如图 5-1 所示。

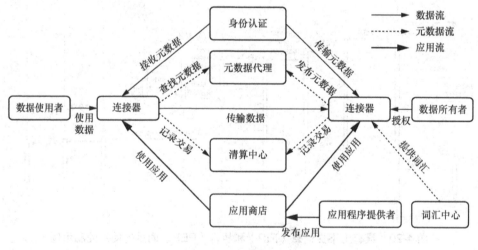

图 5-1 数据空间架构

5.1 连接器

数据空间网络由其所有的数据空间连接器组成。每个数据空间连接器通过其暴露的数据端点进行数据交换。在此原则指导下，数据存储无须再建立中央实例。数据空间连接器必须能被其他组织的数据空间连接器访问。受组织安全策略影响，可能需要更改防火墙策略或建立缓冲带。对数据空间连接器的访问应使用标准的 Internet 协议（IP），并使其在适当的环境中运行。如已满足负载平衡或数据分区的要求，一个参与者可以操作多个数据空间连接器，数据空间连接器可以在本地或云环境中运行。

5.1.1　为什么需要数据连接器

通过连接器，数据才能够在数据空间中实现安全有效的通信和数据交换。连接器是连接诸多数据终端的工具，其可以连接更多的数据源并加速数据交换。连接器使数据空间成为受保护的环境，参与者可以自由安全地分享数据。通过遵守统一的规则，数据自主权、透明度和公平性得以保证。数据连接器作为数据空间的节点，通过设计为用户提供数据自主权。

对于共享和交换数据的要求在不断地发展。提供数据交换服务的数据空间连接器通常有两个功能：其一，与数据空间中其他参与者的应用程序接口（API）交互，实现互操作性；其二，实施政策和网络安全的执行机制，确保处理数据组件的安全性。然而，由于数据的不同，对数据共享的要求也有可能不同，对连接器的需求也会不一样。

5.1.2　什么是数据连接器

数据连接器对于在数据空间内实现数据共享、交换的信任和互操作性至关重要，数据空间旨在提供数据自主权。数据空间以及数据自主权将打造全球范围内的公平竞争环境，转变未来数据经济。

新的数据空间可能有不同的实现方式和标准，这导致了"数据孤岛"产生，因此，需要大力推动融合，以实现互操作性、数据连续性以及支持所有数据空间中数据自主权的共同治理模式。

数据空间体系中的核心工作是开发和维护数据共享和交换的参考架构，即在数据驱动的商业生态系统中，优先考虑数据自主权。目前，全球标准和参考架构模型已创建，以促进不同生态系统的受信任方之间安全和自主的数据共享。

认证用户获得对数据生态系统的访问权，并在将数据提供给其他用户之前，为其附加使用限制策略。数据空间连接器是数据空间标准的核心组件，它使用容器技术来确保"可信的执行"，这意味着容器内的数据始终受到保护，不会被未经授权地访问与篡改。

数据空间标准解决了数据空间中技术、操作和法律协议的难题，它结合了技术、组织和法律的复杂性，提供了数据共享的指导方针，并增加了身份管理、通信安全和使用控制等功能。数据空间连接器被定义在 DIN SPEC 27070 中，其作为德国标准化工作的一部分，还在 ISO/IEC、CEN/CENELEC、IEEE 和 W3C 进行了国际标准化工作。

为了证明符合这些要求，数据空间认证为连接器和运行环境提供不同的信任和保证级别。部分连接器被标记为"IDS-Ready"，表明它们成功地进行了预认证，预认证即为认证做准备的第三方评估。

基于数据空间标准，数据连接器可以以闭源软件和开源软件的形式出现[1]。

通过数据连接器实现的数据交换服务示意图如图 5-2 所示。

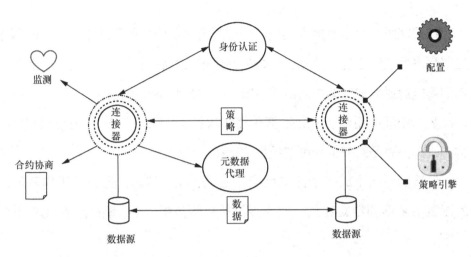

图 5-2　通过数据连接器实现的数据交换服务示意图

5.1.3　数据空间连接器的架构

在数据空间生态系统中，对数据空间的需求是多种多样的。工业 IoT 设备的数据连接器与数据市场或云平台的连接器相比，在资源消耗、效率和网络安全方面，需求有极大差异。此外，在服务方面，还须无缝整合开放数据。数据连接器可实现互操作性，将数据投入使用，并使其与其他数据联系起来，以支持如共享和分布式数字孪生、人工智能或联邦学习等新技术。为此，连接器实现了管理、协调基于云服务、轻量级 API 网关或物联网网关的原型模式。数据连接器将依靠最先进的数据管理能力，运用分布式账本等概念。

数据空间连接器架构使用应用程序容器管理技术，为单个数据空间应用程序和数据空间连接器提供安全隔离的环境。数据空间应用程序提供存储、访问或处理数据的 API。为了确保敏感数据的隐私，其处理应尽可能靠近数据源。任何数据预处理（如过滤、匿名化或分析）应由后端服务或在数据空间应用程序中执行。只有打算提供给其他参与者的数据，才由连接器提供。

数据空间应用程序提供实现数据空间连接器内部业务的服务。数据空间应用程序可以用于处理数据、连接外部系统或控制数据空间连接器。因此，它们可以通过数据空间应用商店下载，并在数据空间连接器上部署。

数据空间应用商店、元数据代理和清算中心都基于数据空间连接器架构，以支持服务的安全和可信数据的交换。

连接器由一个或多个计算机或虚拟机、在连接器上运行的操作系统、应用容器管理和建立在其上的连接器核心服务组成。部署的各个元素描述如下。

在大多数情况下，连接器核心服务和所选择的数据空间应用程序部署都基于应用容器。为了防止相互依赖，数据空间应用程序通过容器将彼此隔离。使用应用容器管理，可以强制执行对数据空间应用程序和容器的扩展控制。在开发期间以及资源有限的系统中，可以省略应用容器管理。

认证核心容器包含一个连接器核心服务，提供数据管理、元数据管理、合同和策略管理、数据空间应用程序管理、数据空间协议身份验证等组件。

认证应用程序容器是从应用商店下载的认证容器，为数据空间连接器提供特定的数据空间应用程序。

自定义容器提供自行开发的自定义应用程序，自定义容器通常不需要认证。

数据空间应用程序定义了一个公共应用程序接口，该接口可从数据空间连接器中调用。接口在数据空间应用程序的部署阶段中，以元描述形式被正式指定。数据空间应用程序执行的任务可能会有所不同。数据空间应用程序可以使用任何编程语言实现，并针对不同的运行环境进行定位。现有组件可重复使用，并以简化方式从其他集成平台迁移。

自定义或认证应用程序、认证核心容器的运行，取决于所选技术和编程语言。运行连同应用程序构成容器的主要部分，不同的容器可能使用不同的运行。运行的可用性，仅取决于主机计算机的基本操作系统。软件架构师可从可用的运行中选择最合适的。

5.1.4　数据空间连接器的功能

数据空间连接器必须在其核心服务中包含一些基本功能。这些功能可以通过服务的方式实现，也可以作为单个综合软件实现。此外，服务功能既可部署在同一基础设施中，又可分布式部署。连接器核心服务中的各个功能，以统一建模语言（UML）部署图的形式呈现，如图 5-3 所示。其中，每个功能表示为一个组件。图 5-3 意在说明组件的外部接口，而非内部接口。另外，为了清晰起见，图 5-3 并未包含组件之间的所有交互。每个组件的描述如下。

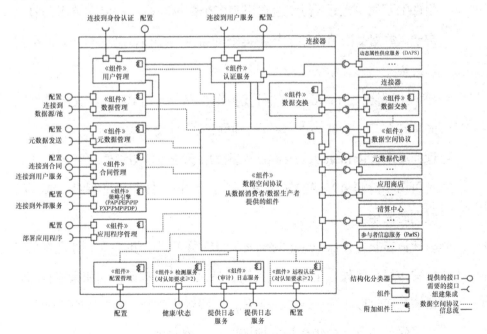

图 5-3　连接器功能示意图

- 认证服务（Authentication Service）组件保存了数据空间连接器与其他后端系统关于身份验证的必要信息，并授权其他数据空间参与者对数据空间连接器进行系统访问。出于安全原因，建议明确分离内部和外部访问的凭证。认证服务组件提供配置接口，以支持自定义的认证服务。为了授权访问连接，其持有以下信息：数据空间协议组件信任密钥库（Key/Trust Store）、数据管理组件和数据交换组件访问外部系统的凭据，以及数据交换组件和数据管理组件访问数据空间的访问控制信息。认证服务可以通过数据空间连接器内实线部分内容来展示。

- 数据交换（Data Exchange）组件提供或获取与其他数据空间参与者（提供者或使用者）交换数据的接口。它可以部署在与数据空间协议组件的不同基础设施上，也可以有多个数据交换组件以支持多个协议绑定。数据交换组件不支持数据空间特定的接口，也不解释数据空间信息模型。

- 数据空间协议（Protocol）组件支持至少有一个由 IDSA 定义的数据空间特定接口，所有组件与数据空间协议组件交互。

- 远程证明（Remote Attestation）组件用于增加参与组件之间的信任。它可用于检测对方端的软件是否被修改。该组件在认证等级 2 或更高级别时使用。

- 审计日志服务（Logging Service）组件负责记录组件操作期间的所有相关信息。例如，记录设置更改、错误消息、数据访问和策略执行。该信息还可以传递给相应的系统，这些系统负责（可审计的）日志记录工作。因此，该组件提供或获取与系统的接口。

- 监控服务组件用于监控组件的状态。例如，检查数据空间连接器是否在运行，是否处于错误状态或离线状态。

- 数据应用程序管理组件支持在数据空间连接器中下载、部署和集成数据空间应用程序。

- 策略引擎组件汇总了用于执行数据空间使用控制策略的所有组件。这些组件包括策略行政点（PAP）、策略实施点（PEP）、策略信息点（PIP）、策略实施点（PXP）、策略管理点（PMP）和策略决策点（PDP）。

- 合同管理组件负责管理参与者之间的合同协商，并存储数据空间合同协议。合同管理可以看作元数据管理的一部分。但由于合同管理组件在数据空间中的重要性，它被可视化为一个单独的组件。

- 元数据管理组件保存所提供和消费数据资产的元数据。元数据主要由数据空间信息模型定义，但可进一步丰富其他信息。元数据与合同管理组件的合同、数据管理组件的数据相关联。

- 数据管理组件负责保存数据资产本身，或保存数据源、数据池、数据空间应用程序的链接，以便将数据资产动态地发送或接收到其接口。

- 配置管理组件包含数据空间协议和所有组件的配置参数。

- 用户管理组件负责为每个组件的接口提供用户身份验证。因此，用户管理可以使用外部身份服务或自己提供此服务。它也可以通过接口进行配置。

数据空间连接器的实现可能基于不同的技术，并根据连接器的特定功能要求有所不同。数据空间连接器根据其认证级别进行区分，其中包括数据空间连接器实现的安全性和数据自主权标准等方面的要求。

构建什么类型的数据空间连接器可能取决于各个方面，如执行环境或当前开发阶段中使用的数据服务或应用的数据流。以下是 3 个示例场景。

- 开发者连接器：与任何软件的开发相同，开发数据空间应用程序或配置数据流包括多个阶段（规范、实现、调试、测试、剖析等）。为简化起见，可以在没有应用程序容器管理的情况下运行连接器。此做法省略了容器的打包和启动，加速了开发过程，并且可在开发环境中进行调试。在成功通过所有测试后，可以使用配置部署生产环境的连接器。在生产环境中部署后，连接器即可使用。

- 移动连接器：移动操作系统（如 Android、iOS 或 Windows Mobile）使用具有有限硬件资源的平台。在这种环境中，并不一定需要应用程序容器管理。对于不支持应用程序容器的操作系统或没有任何操作系统的系统，如微控制器，也是如此。在这种环境中，数据空间应用程序（连接器核心服务）可以直接在主机系统上启动，不需要任何虚拟化。有容器和无容器的连接器之间的差异，可以通过不同的连接器核心服务来满足。

- 嵌入式连接器：数据空间连接器小型化的另一种方式是嵌入式连接器。嵌入式连接器具有与移动连接器相同的设计，也不一定需要应用程序容器管理。数据空间连接器小型化的步骤包括为所有组件共同运行时，或使用简化版本的连接器时，提供核心服务。如果数据只须发送到固定的接收者，简单的数据空间协议库便足够。同样，硬编码单个固定连接，而不使用可配置组件也是可行的。为了节省通信开销，可以在共同运行时，通过简单 API 调用。

5.1.5　数据连接器的互操作性

技术互操作性是数据空间的要求之一。它应该由数据连接器来实现,以规范和标准为基础,而不是依靠单一技术来实现。要做到这一点,必须解决多个层次的互操作性。首先,必须解决描述数据资产的连接器和相关终端之间的一般互动,包括访问控制和使用控制的政策定义。其次是政策和合同的谈判。数据交换过程的启动和管理需要一个明确的规范,如可使用成熟的协议,如 HTTPS、MQTT、WebSocket 等。具体的互动须由特定用例、特定领域或特定生态系统决定。一般的互动需要一个强大的标准,可以由不同的连接器实现,而随后的数据交换则需要特定领域或用例的标准。该理念同样适用于语义互操作性,它可以在数据目录词汇表(DCAT)的基础上实现。交换数据的进一步定义由语义模型、分类法、模式或其他类似机制决定。

为了实现数据空间的稳健性和可靠性,连接器的互操作性需要验证。基于标准和规范,除了持续管理和验证与数据连接器相关的安全方面,还必须持续评估对这些标准和规范的执行情况,以维持数据空间的稳健性和可靠性。

目前已经有一套可用的标准来实现上述目标,但还需要额外的标准来完善该目标。在一般层面上,连接器的互动如图 5-2 所描述。鉴于此,目前正在制定一个特定的数据空间协议,旨在促进受使用控制约束的实体之间,基于网络技术互操作性的数据共享规范。这些规范定义了实体发布数据、协商使用协议以及作为被称为数据空间的技术系统联盟的一部分访问数据所需的模式和协议。因此,数据空间协议代表了数据空间中技术互操作性的基础。

5.1.6 数据连接器和框架的关系

基于不同的维度，数据连接器有所不同。数据连接器可以被分为 4 个主要类别：数据连接器框架、开源软件通用解决方案、专有通用解决方案和现成的数据连接器或集成在数据相关产品中的连接器。下文将具体介绍每一种连接器。

数据连接器框架是模块化的数据空间组件，可作为实现数据连接器的基础。大多数数据连接器框架都是以自由和开放源码软件（Free and Open-Source Software，FOSS）的形式提供。在这个共同的基础上，可以进行扩展和开发，以创建解决方案。Eclipse 数据空间组件、FIWARE 生态系统（包括 TRUE 连接器和数据空间消息传递库）都是此类框架的良好范例。这些框架是为实现解决方案的开发者而准备的，不是让最终用户用来共享和消费数据的。

开源软件通用解决方案提供的数据连接器可以直接集成到 IT 环境中，并提供服务。通常情况下，这些连接器充当公司 IT 服务的代理或网关，需要配置组件和添加自定义扩展，以共享和消费数据。数据空间连接器和 TNO 安全网关是此类连接器的良好范例。

通用解决方案是由公司和组织提供的通用的专有软件。像上面描述的开源解决方案一样，它们不能直接用于共享和消费数据，而是需要额外的配置和扩展。

数据连接器是现成的解决方案，作为一种服务或直接可用的连接器解决方案提供，不需要任何开发活动来消费和共享数据。然而，仍然需要对公司的 IT 服务进行配置和调整，但只需要付出最小的成本[2]。

5.2　应用程序和应用商店

数据空间的关键组件包括连接器、身份认证、应用程序和应用商店提供者、元数据代理、清算中心以及词汇中心。其中,应用程序和应用商店提供者是使用数据空间的基础,所以本节介绍应用程序和应用商店提供者的详细信息。

5.2.1　应用程序

数据空间应用程序是一种独立的、可重复使用的软件,并可在数据空间连接器上部署、执行和管理。数据空间连接器可以利用数据空间应用程序实现多种功能。根据执行任务的不同,数据空间应用程序分为 3 种,分别是数据应用程序、适配器应用程序和控制应用程序。所有类型的应用程序都可以下载并完全由数据空间连接器进行管理。

- 数据应用程序:数据应用程序是可重复使用、可被替换、独立于连接器运行的应用程序,用来执行小型处理任务,如转换、清理或分析数据。换句话说,此类型的应用程序以某种方式操作可用的数据。为了定义数据流,必须连接涉及的组件(数据应用程序和数据空间连接器)以及后端系统的输入和输出。为了在同一数据路由上处理多个步骤,可以将数据应用程序链接在一起。

- 适配器应用程序:适配器应用程序也是可重复使用、可被替换、独立于连接器运行的应用程序,提供访问企业信息系统的功能,使其可用于底层连接器。与数据应用程序类型相同,适配器应用程序的数据流是通过连接涉及的组件(适配器应用程序、数据空间连接器和数据源或外部服务)的输入与输出定义。因此,当路由框架不支持外部服务提供的端点或协议时，使用适配器应用程序尤为合适。

- 控制应用程序：控制应用程序类型的应用程序允许从外部系统控制连接器，并用于连接后端系统（可能由单个或集群的应用程序和服务组成）到数据空间生态系统。因此，与前两个应用程序相比，控制应用程序工作在管理控制流上，并且与连接器相关。现需要针对连接器的相应 API 进行编程，并符合特定的版本要求。

此外，不同的数据空间应用程序类型可以一并打包，从而可以使用所有类型的应用程序，来构建数据处理链。

为了将数据空间应用程序整合到数据空间生态系统中，或按照上述描述将其与其他组件连接起来，数据空间配备了各种处理数据的端点。数据空间应用程序主要分为消费数据和提供数据两类，作为应用程序之间和应用程序与连接器之间交换数据的端点，还区分了仅与内部组件通信和与外部组件通信的端点，具体如下。

- 输入端点：输入端点与数据或数据流一同工作，是所有应用程序的必备端点。数据输入端点描述了一个接口，该接口可以将数据传输到连接器环境中的应用程序上。

- 外部输入端点：外部输入端点作为接口，用于连接实际连接器环境之外的外部数据源或数据流。该端点对于适配器应用程序特别重要。

- 输出端点：输出端点是传输数据或数据流到其他应用程序或连接器的必备端点。输出端点描述了一个接口，该接口可以在连接器环境内，由应用程序或连接器本身消费数据。

- 外部输出端点：在该端点上，通信超出了连接器的边界。这种特殊形式的输出端点主要与建立到外部数据源的适配器应用程序相关。该端点可以从外部数据源读取数据。

除了上述列出的端点，还有配置端点和状态端点。配置端点可用于在数据空间应用程序运行时主动设置或更改配置参数。状态端点是可选的，它可用于在数据空间应用程序运行时，从中检索状态信息。

5.2.2　应用商店

数据空间应用商店是一个安全平台，用于分发数据空间应用程序。数据空间应用商店由一个数据空间应用程序的注册表和搜索功能组成，可以使用不同的搜索选项（如功能或非功能属性、定价模型、认证状态、社区评级等）搜索数据空间应用程序。因此，应用商店必须支持 App 注册、发布、维护和查询的操作，以及向连接器提供应用程序给用户的操作，应用商店架构如图 5-4 所示。此基本操作还可以通过额外的服务进行补充，如计费或支持活动等。

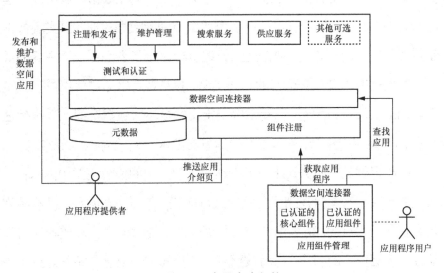

图 5-4　应用商店架构

数据空间应用商店还包括一个数据空间连接器，以便在数据空间内与应用提供者和应用用户的连接器进行通信。因此，每个应用商店实例都必须符合连接器认证标准，并提供通用连接器的功能和端点以及上述操作，如提供自我描述、具有有效的数据空间身份并在其通信中使用有效的数据。

5.3　元数据代理

数据空间元数据代理是数据空间连接器的一部分，包含用于注册、发布、维护和查询自我描述的端点。自我描述包含数据空间连接器本身及其功能和特性的信息。此自我描述包含接口、组件所有者以及组件提供的数据的元数据信息。自我描述由连接器的运营商提供，它可以被视为元数据。提供服务或数据的数据空间连接器可以将其自我描述发送到数据空间元数据代理中，以便每个参与者都能在数据空间中找到它。数据空间元数据代理可以被理解为电话簿。在数据空间中，可以有多个数据空间元数据代理，以实现数据空间元数据代理功能的分发。数据空间管理机构决定了是否有一个主导的数据空间元数据代理或者独立运行的不同实例。参与者可以通过使用进程层定义的进程、信息层定义的描述以及系统层定义的描述与数据空间元数据代理进行交互。信息层描述了注册和查询的消息类型以及相关内容。数据空间元数据代理可能提供其他服务，此服务必须使用数据空间信息模型中的术语，并在相应的元数据代理自我描述文档中进行描述。需要注意的是，虽然名称可能代表着不同的目的，但数据空间元数据代理不提供消息代理或者任何类似主动分发数据资产的功能。作为数据空间连接器的一部分，每个实例都必须符合连接器认证标准，特别是提供通用连接器的功能和端点。譬如，元数据代理必须提供一个自我描述，为其他数据空间组件提供更多信息。元数据代理还必须拥有有效的数据空间身份，并在其通信中使用有效的数据。

除了每个数据空间连接器都具有的基础要求，元数据代理提供了数据空间的扩展功能。其主要目的是持久化和存储自我描述文档，并提供内容的高效访问和搜索功能，因此，它需要一个可靠且可扩展的内部数据库。由于自我描述文档以资源描述框架（Resource Description Framework，RDF）编码，通常是关联数据的 JavaScript 对象表示法（JSON-LD），因此，可以使用类似三元组存储或属性图数据库这样的面向图形的数据库。尽管也可以应用传统的结构化查询语言（SQL）或非关系型数据库（NoSQL），但它们可能没有相同的本地查询支持。在任何情况下，元数据代理的内部架构都必须足够灵活，以应对数据方案的扩展。自始至终，数据空间信息模型都可以添加更多属性，因此元数据代理还必须保持持久化和查询尚未部署的已知信息。

此外，为特定领域或专用数据空间运营的元数据代理，还可能存在不属于核心数据空间信息模型或数据空间命名空间的属性。表明某个元数据代理实例需要包含使用数据空间信息模型扩展的信息内容的自我描述。在这种情况下，如果连接器尚未设置此属性，需要将附加要求在元数据代理自我描述以及返回消息的内容中进行说明。

同时，元数据代理实现了添加索引或缓存模块，以减少查询时间。通常情况下，读请求的数量明显高于远程写入活动的总数，因此，以"读"为优化架构可以带来更好的用户体验。然而，此种设计决策往往由操作者决定。此外，大多数元数据代理的用例需要一个面向人类的界面，来进行自我描述访问，因此，通常提供具有全文和分类搜索功能的网站来实现这一功能。该网站还可以提供本地存储的自我描述的创建和管理。但是，由于元数据代理上的注册和更新过程集中在连接器周围，因此，必须确保网站用户和资产托管连接器的权限。

5.3.1　终端点

元数据代理必须提供它们自己的自我描述（只读）以及到本地持久化的自我描述图形的远程终端点（对于托管连接器是读或写的，对于其他连接器是只读的）。托管终端点的服务器将传入的请求进行转换，执行必要的数据空间身份和有效性检查，并将它们转换为对数据库的操作。

元数据代理可以支持不同的数据空间协议绑定的终端点。在任何情况下，响应内容都是独立于协议的。这意味着，如果针对相同的自我描述，使用一种绑定成功进行读取操作后，通过其他绑定进行的读取操作也必须成功。然而，元数据代理可能会根据请求者的身份而产生歧视，根据数据空间使用控制配置向一个连接器提供响应，而拒绝另一个连接器的请求。

5.3.2　搜索和查询

元数据代理的主要目的是提供远程搜索功能。如果目标的标识符已经被事先知道，则能够以资源为导向的方式进行搜索，或者也可以使用全文或复杂查询。复杂查询是指结合过滤器、聚合或遍历自我描述，以搜索信息的查询。哪种查询语言由哪个元数据代理实例支持，在其自身中有所概述。数据空间信息模型提供了搜索方案。连接器可以利用信息模型的知识来制定查询。元数据代理还可以提供额外的模板或预先制定的查询，来支持连接器。

5.3.3　自我描述生命周期

自我描述具有生命周期。创建的自我描述在其主权者未将其设置为不可用之前处于活动状态。需要注意的是，后一状态与删除不同。跟踪自我描述的使用情况，特别是其唯一标识符，非常重要，以避免名称冲突或虚假标记攻击。因此，连接器可以通过将其设置为不可用来要求不再公开提供自我描述，但它不能强制元数据代理或任何其他连接器从其内部数据库中完全删除信息。连接器可以随时将自我描述重新激活。此外，它可以使用新自我描述覆盖已激活的自我描述。然而，以前不可用的自我描述的更新，将自动将其设置为活动状态。此外，新自我描述不得使用已存在的自我描述标识符。

5.3.4　数据同步

元数据代理是数据空间中的一个可选组件。当然，这意味着可完全没有元数据代理的数据空，但也可以存在多个元数据代理实例的数据空间。在这种情况下，这些实例之间的同步将成为一个问题，特别是为了避免冗余或冲突的信息。在目前的状态下，数据空间未指定或建议任何技术同步机制或过程。数据空间操作者可以通过"点对点"体系结构实现此过程，即声明一个领先的实例，或依靠分布式分类账方法。因此，同时与多个元数据代理通信的连接器须在不具备其他信息的情况下，不能假设各个元数据代理的自我描述已对齐[3]。

5.4　清算中心

数据空间清算中心架构如图 5-5 所示，数据空间清算中心由数据空间连接器组成，并基于记录与清算、计费和使用控制相关信息的日志服务提供所有功能。

图 5-5　数据空间清算中心架构

数据空间清算中心是数据空间生态系统中的一个中介机构。所有数据空间连接器都可以在清算中心中记录信息，以支持所需可审计日志机制中的过程。数据空间清算中心包括以下数据空间过程。

- 数据提供者和数据使用者之间的数据共享。

- 根据使用合同或数据使用政策使用数据。

数据空间清算中心也是一个数据空间连接器，它将清算中心容器作为其服务之一开展运行。因此，清算中心的连接器负责与其他数据空间连接器的部分通信工作。清算中心为数据空间连接器提供 HTTP API 用于通信，即记录和查询信息。

数据保护和完整性是清算中心的扩展要求，特别是关于数据保护和完整性的要求，将会增加更多细节内容。

发送到清算中心的信息在流程层中定义。清算中心基于使用合同提供清算和结算服务，使用这些信息，自动化实现数据提供方和数据使用方之间的付款。它还可以使用这些信息提供计费服务，允许数据空间操作员对参与者进行计费。控制验证服务使用已记录的使用控制数据，从而验证资源的使用声明。

5.5　词汇中心

在数据空间中，互操作性需求要求使用通用、标准化的术语，来描述数据、服务、合同等。标准化标识符的集合形成了词汇表，最基本的词汇表可以是术语列表。为了内容的利用，词汇表文档需要在相关方之间共享，这可以通过数字目录来完成，也可以通过印刷形式（如语言词典）来完成。

在数据空间中，词汇表的术语必须是机器可读的，它们的描述和标题也需要达到一定程度的可读。同时，新术语必须用于查询。数据空间依赖资源描述框架来编码其属性和数据描述。数据空间信息模型是所有数据空间相关方共享的中央词汇表。

数据空间信息模型仅代表所有数据空间用例的最低公共分母，因此，它是所有数据空间组件必须理解的最小术语集。然而，在特定领域中，需要更多有表现力的术语，因此，将基本信息模型扩展为其他词汇表，并以与核心词汇表相同的方式提供。

为此，需要一个特定的服务平台，用于托管、维护、发布和文档化其他词汇表。这项服务就是数据空间词汇中心。它提供数据空间兼容的端点，以实现与数据空间连接器和基础设施组件之间的无缝通信。词汇中心提供术语定义及其描述，并提供更改历史和对不同历史版本的访问。它们作为数据方案的管理平台，可用在数据空间用例中。

数据空间词汇中心为领域中特定词汇的开发者提供了创建、改进和发布其术语的工具和功能。虽然期望词汇遵循资源描述框架模式，但并不强制规定遵循关联数据（Linked Data）概念或本体论等进一步要求。

专家可以通过词汇中心协作创建、更改或可视化词汇，并最终将其发布到数据空间。他们还可以将现有的第三方词汇导入词汇中心中，从而使连接器能够使用这些词汇。词汇中心随后提供对整个词汇、其中的一部分或单个术语的访问。

在运行查找时，一旦一个词汇被确定下来，连接器可能会使用它来增加其资产自我描述的信息内容。在数据空间世界中，这是通过引入具有先前未知 URI/国际化资源标识符（IRI）的新属性或值来实现的。读取自我描述的连接器，面临着最初不知道其语义含义的挑战。它们现在可以在词汇中心中查找属性的标识符。词汇中心将响应包含解释该属性的小型资源描述框架文档。通常包括实体的类型或类、不同语言的标签以及短描述，还可能存在于几种语言中。连接器可以将这些解释集成到其工作流程中，从而向其用户呈现新发现的含义。

另外，还有其他扩展的处理过程。例如，将数字词汇组织在命名空间中便是一种常见的做法，其中每个命名空间包含了特定目的的术语。连接器还可以实现一个由先前未知命名空间定义的完整词汇表。在这种情况下，词汇中心将返回包括所有术语及其相互关系的完整词汇文档。尽管通常此文档较大，但可以在连接器中存储或缓存，从而减少总体所需的交互次数，是一种更有效的交互方式[4]。

参考文献

[1]　STEINBUSS S, OTTRADOVETZ K, LANGKAU J, et al. IDSA rule book[M]. International Data Spaces Association, 2021.

[2]　GIUSSANI G, STEINBUSS S. Data connector report[R]. International Data Spaces Association, 2024.

[3]　International data spaces association. IDS-RAM4.0[DB]. 2023.

[4]　OTTO B, STEINBUSS S, TEUSCHER A, et al. IDS reference architecture model (Version 3.0)[R]. 2019.

第6章

数据空间的认证机制

数据安全和数据自主权是数据空间的基础特征。数据自主权是指自然人或法律实体对其数据产品的独家自主决策能力。因此，数据空间的参与者必须使用经过认证的软件，如数据空间连接器，以自主权的方式安全地进行数据交换。此外，数据只在值得信任的或经过认证的参与者之间进行交换，本章介绍了数据空间的参与者和核心组件的认证方法。

6.1　认证介绍

为了建立一个可信的商业生态系统，促进数据的安全交换和便捷互联，数据空间利用现有的标准和技术以及公认的治理模式，构建了一个虚拟空间。

数据空间认证计划包括对数据空间内的参与者和核心组件执行认证的所有流程、规则及标准。本节主要介绍认证工作在该计划中定义的结构、流程、评估级别和评判目录的框架，其核心目标是制定一个灵活的、具有成本效益的认证计划。

6.2　认证框架

在数据空间中，参与者和核心组件应在交换信息时保持较高的安全水平，以确保被交换的信息具备完整性、保密性和可用性。因此，对核心组件、技术、组织安全措施的评估和认证是参与数据空间的必要条件。为了确保对所有数据空间的参与者与核心组件开展评估、认证工作具备一致性和可比较性，需要对这种合规性要求定义一个框架。因此，参考受其他国际组织认可的认证最佳做法，定义了本认证方案。需要注意的是，本章所描述的所有与认证有关的角色皆针对数据空间，如"认证机构（Certification Body）"等术语不应被误解为已经授予证书的现有组织。本章定义的角色将被分配给实际的组织，数据空间认证——角色和责任示意图如图 6-1 所示。

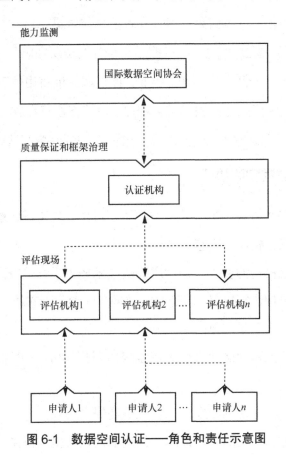

图 6-1　数据空间认证——角色和责任示意图

"数据空间"认证计划起源于德国。目前，该计划的影响范围越来越广，涉及越来越多的国际成员和组件开发商。为了使数据空间认证进一步国际化，设计了两阶段的发展过程，具体如下。

（1）第一阶段——增加国际会员和开发者的数量

考虑经济因素，并让申请人有足够的机会进行认证，认证的评估工作将由位于申请人所在国的评估机构进行。认证仍将采取由单一的独立实体负责、认证机构负责执行、国际评估机构进行批准的方式，以确保认证计划的整体框架治理保持可管理性。

（2）第二阶段——增加会员和开发者的总体数量

在这一阶段，数据空间认证将被委托给各会员所在国的多个认证机构，以免因认证机构单一而产生问题。因此，评估和认证将由位于申请人所在国的组织进行。同时必须建立相互监督程序，以确保会员所在国的评估和认证程序保持一致，这是与其他国家颁发的数据空间证书相互认可的先决条件。

6.2.1 国际数据空间协会

国际数据空间协会将指派数据空间认证机构。在认证计划方面，国际数据空间协会责任包括以下内容。

- 定义认证机构的要求，并对所需的技术能力进行核查。
- 对认证机构进行监督，以确保对数据空间参与者和核心组件的认证提供的质量水平是一致的。
- 对当前的监管和法律进行跟踪监测，以评估和应对可能对认证计划产生的影响。
- 根据其监测活动的结果，向认证机构提供建议。
- 持续改进已界定的认证计划，包括纳入认证机构提供的反馈。

需要注意，国际数据空间协会不参与对参与人或核心组件的认证，也不对数据空间进行评估审批。

6.2.2　认证机构

数据空间认证机构由国际数据空间协会指派，并与国际数据空间协会定期管理认证流程，定义标准化的评估程序，并监督评估机构的运行。认证机构的职责包括以下内容。

- 与国际数据空间协会合作制定和定义认证计划，包括评估程序、参与者和核心组件认证方法，以及基本标准目录。
- 确保数据空间认证计划的正确实施和执行，包括对正在进行的评估进行监督。
- 确保持续遵守数据空间认证计划，并跟进国际数据空间协会内容发布，更新与调整认证计划。
- 分析现有的"基础"证书（如针对组织或软件、硬件安全组件的证书），以确定其有效性和充分性，以及确保证书可用于数据空间认证计划。
- 审查评估机构的评估报告。
- 批准认证申请。
- 认证或否决证书，并公布所认证的证书。
- 授权与触发 X.509 证书的生成和撤销。证书以数字方式呈现评估认证的结果。在数据空间内进行数据传输之前，实现合作伙伴间自动化的信任检查。
- 决定批准或排除评估的机构，执行数据空间评估（基于持续监测和数据空间评估设施标准目录）。
- 持续监测认证相关内容。

- 外部发展，如可能规避认证安全措施的新攻击模式。

- 根据实际质量认证经验，向国际数据空间协会提供关于数据空间认证
  计划未来更新的建议。

数据空间认证——颁发证书示意图如图 6-2 所示，认证机构只有在评估机构和认证机构的专家都认为申请人的先决条件得到满足时，才会颁发证书。

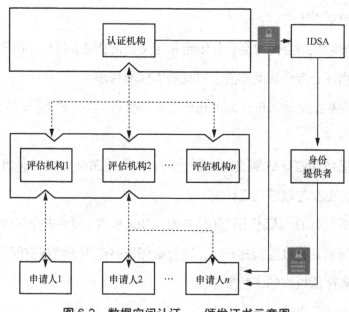

图 6-2　数据空间认证——颁发证书示意图

6.2.3　评估机构

评估机构由应用程序签约，负责在认证期间进行详细的技术与组织评估工作。评估机构为参与者或核心组件出具一份评估报告，列出所形成的评估行动细节，以及有关确认的安全级别信息。所执行评估行动的深度和范围，取决于所需的安全级别。具体如下。

- 获得认证机构的批准，可以在批准程序的基础上进行评估，该程序具

有界定人员能力和组织要求的标准。

- 根据普遍接受的标准和最佳做法的数据空间认证计划，进行必要的测试和现场检查。

- 在评估报告中记录结果。

- 将评估报告提供给认证机构。

评估机构指管理系统评估的授权审核员，即参与者证明。评估机构也指产品评估的核准评估员，即核心部件认证。因此，在数据空间认证计划中，将存在多个经批准的评估机构，但每次评估过程只涉及一个评估机构。

为保证认证方法的灵活性，将有更多的评估专家参与数据空间认证计划，如软件渗透测试人员、共同标准专家、ISO 27001 审计员和会计师事务所人员等。因此，数据空间将定义所有的认证级别，从而满足初创公司、中小企业以及大公司的需求。

6.2.4　申请人

申请人在认证过程中发挥着积极作用，相关责任如下。

- 与经认证机构批准的评估机构签订合同，根据数据空间认证计划进行评估。

- 正式向认证机构申请认证申请，以启动认证程序。

- 在资金和人员方面提供必要的资源。

- 迅速与评估机构和认证机构沟通，并向其提供必要的信息和证据。

- 及时对评估过程中出现的情况作出反应。

所有申请人需要积极提交申请以启动认证程序，并具备上述职责。这既适用于开发拟在数据空间内部署的软件组件的组织（即潜在的软件供应商），也适用于打算成为数据空间参与者的组织。在认证过程中，评估的重点将放在产品或组织本身。

6.2.5　身份提供者

身份提供者为申请人创建、维护和验证技术身份，技术身份将属性与实体联系起来。当认证级别被分配给申请人或组件时，就会发生这类情况。国际数据空间协会保留会员状态和已发放证书的中央记录，并将其建模为技术身份，如通过发放 X.509 证书或属性令牌来验证实体的动态属性。因此，身份提供者通过验证所颁发的有效的技术证书，向其他实体宣称身份属性。身份属性包括但不限于以下内容。

- 组织认证情况。
- 认证状态的过期数据。
- 连接器的安全级别。

基于可靠身份和参与者属性做出访问控制决策，身份与访问管理的概念是必不可少的。在数据空间中，访问资源需要进行识别（即声明身份）、认证（即验证身份）和授权（即身份拥有的访问权限）。数据空间中的身份提供者包括 3 个互补的组件：认证机构负责发布和管理技术身份声明；动态属性供应服务提供带有关于连接器最新信息的短暂令牌；参与者信息服务以机器可读和人类可读的方式，提供与数据空间参与者业务相关信息。

（1）认证机构

一个或多个认证机构通过签署有效连接器实例、提交的证书签名请求、颁发连接器实例等方式，授予申请人身份证书。它们撤销无效的证书，并确保更高信任级别的私钥正确存储在硬件模块[如受信任平台模块（TPM）或硬件安全模块（HSM）]中。它们是建立信任的基本实体，负责确保只有注册的组织，才可以在数据空间中操作组件。

（2）动态属性供应服务

动态属性供应服务通过颁发签名声明的最新信息，补充连接器身份。动态属性供应服务将它们嵌入动态属性令牌中，并将令牌分发给请求数据空间连接器的实例。动态属性供应服务验证包含通过数据空间认证的元数据的软件清单、公司描述的当前状态与有效性。此外，其还提供动态属性，如设备位置或当前支持的传输证书，其属性可随时间动态变化，并基于动态属性令牌，与连接器身份关联。因此，动态属性供应服务用于提供参与者和连接器的动态，以及最新的属性信息。

使用服务的动态方式分发属性，可降低证书吊销的需求，并为国际数据空间中的参与者，提供更灵活的属性处理方式。属性和状态标志动态将分配给连接器实例。示范用例如下。

- 跟踪参与者信任度的更改。
- 为承包商的工作流程分配成员身份。
- 提供可用软件堆栈中已知的漏洞信息。
- 提供关于可用的软件组件最新版本的信息。
- 撤销组件或操作环境的颁发认证。

此概念在大多数情况下避免了连接器身份证书的吊销，因它具备包含或更改属性。动态属性供应服务作为信任引导的一部分，属于外部服务[如公钥基础设施（PKI）服务]，而不是连接器本身所提供的服务。

（3）参与者信息服务

参与者信息服务是身份提供者的重要组成部分，它提供与支持组织核查过的数据空间参与者相关的业务信息。从系统层面看，参与者信息服务的内部架构组件和端点与数据空间元数据代理非常相似，它们都需要接收、持久化，并使数据空间自我描述可供其他数据空间连接器查询。主要的区别是它们所管理的自我描述类型不同，元数据代理通过连接器和资源管理，参与者信息服务通过参与者管理。组件参与者信息服务通常由以下功能模块组成，可以使用不同的技术堆栈和托管解决方案实现。

- 服务器，用于托管数据空间端点。
- 数据库，用于持久化注册数据空间参与者的资源描述框架自我描述。
- 身份和访问管理（Identity and Access Management，IAM），用于检查客户的身份声明，使用 IDS DAT 验证其授权。可以位于周围的身份提供者中。
- 索引（可选），用于增加请求的速度。
- 网站（可选），用于与参与者信息服务进行人机交互。

端点与参与者信息服务的交互可以分为两个主要类别。第一个与在数据空间中启用参与者信息的初始设置，以及由通用身份提供者的操作员进行相应的更新。由于此工作流程完全在组件内部，因此可能使用专有或自定义的模式。而需要此内部端点的原因在于参与者元数据需要更高的信任度。例如，错误的增值税号或司法管辖权直接产生具体的法律后果。因此，必须启用身份提供者操作员的某种验证工作流程。

此外，数据空间兼容的端点必须用于与数据空间连接器通信。虽然，在适当的身份验证和授权程序的情况下，此端点也可以用于上述目的。但其主要关注点是提供查询功能，并允许单个参与者调整自我描述。

每个参与者信息服务实例必须提供符合数据空间功能，以反引用参与者标识符。一个反引用函数接受参与者标识符，并返回相关的自我描述文档。此外，参与者信息服务提供扩展搜索能力，如全文搜索、基于属性或分面的搜索，甚至是公开表达式查询语言。在任何情况下，相应的能力必须在参与者信息服务自我描述中概述，以使其可发现数据空间连接器。

与连接器和资源自我描述类似，参与者自我描述经过不同的生命周期阶段。初始版本由参与者本身提供，直接作为数据空间信息模型实例，或在入职过程填写的表单中。在新参与者的数据空间身份创建后，该自我描述随即被填充到相应的参与者信息服务中。

如果在自我描述中，出现了错误或参与者的属性发生了变化，身份提供者的运营商和参与者，本身都应具有技术手段来调整自我描述。需要注意，由于可能会跳过验证工作流程，身份提供者的运营商也可以禁止直接更新。

如果参与者暂时或完全离开数据空间，则相应的自我描述不可用。不可用的自我描述不再支持正常的搜索和查询功能。尽管如此，参与者信息服务最好能保留自我描述，最起码保留其标识符，以便后续激活使用，特别是防止身份劫持。在劫持攻击中，新入职的参与者可以尝试使用已经离开数据空间的其他参与者的标识符，从而代替后者的访问和使用权限。

在成功完成评估后，认证机构会向申请人颁发数据空间评估证书。评估证书具有有效期，为了在证书过期前更新，申请人需要重新认证，同时还需要考虑在此期间发生的任何变更。同样，如果认证对象发生变化，也需要重新认证；如果是微小的变化，基本的重新认证已足够。主要和次要变化的定义将遵循被广泛接受的认证标准中使用的定义，如 ISO 27001。

为了验证和授权，每个数据空间成员必须有一个有效的 X.509 证书，以验证其他参与者的身份。技术证书以数字方式代表评估证书，并在数据空间内的数据传输之前，实现合作伙伴之间自动化的信任检查。在对一个组织成功认证后，技术证书将被颁发给该组织，以确认某些属性，如组织名称、认证状态等。该技术证书可用于触发诸如申请 X.509 连接器证书的过程。

6.3 参与者证明

数据空间的目标之一是发展成为跨行业和跨公司信息交流的全球标准。因此，加入数据空间的最低财务要求和程序要求障碍是必需的。同时，必须确保数据空间的参与者达到一定的安全水平，以符合数据空间的安全要求。

数据空间的参与者将通过分享他们宝贵的信息和数据进行合作。参与者之间的信任是合作的必要条件。此外，为保证数据空间的声誉，参与者须值得信赖。信任可以通过评估参与者对所定义的安全级别的履行情况来确认，包括基础设施的可靠性和对流程的遵守情况。为了以结构化和持续的方式建立信任，数据空间建立了一个明晰的参与者认证程序。

参与者的认证是基于既定的认证标准和方法，如描述认证标准的数据日志。因此，一个参与者的认证向其他参与者和利益相关者展示了参与者的可用性、保密性和完整性的安全水平。因此，参与者认证过程就是建立对数据空间参与者的必要信任。

6.3.1 认证维度和级别

为了确保有特别适合中小企业的低准入门槛，且有一个可扩展的认证，以满足高信息安全的要求，定义了数据空间参与者的认证方法，见表 6-1。

表 6-1　数据空间参与者的认证方法

	自我评估	管理系统	控制框架
入门级	是	是	—
会员级	—	是	是
中央级	—	是	是

参与者的认证方法从两个维度展现。水平维度是评估深度，描述了评估的详细程度。纵向维度是需要满足的安全等级的增加程度。

水平维度评估深度由以下 3 层组成，只有第 2 层和第 3 层包含实际的评估任务。

- 自我评估仅仅是潜在参与者的自我声明，目的是澄清参与者的身份和提供有关参与者系统的信息。如果没有评估员参与自我评估的执行，自我评估中的任何信息都不会被评估机构所评估。由于自我评估中没有评估员参与，因此不会向参与者发放完全合格的数据空间证书。自我评估只生成一个数字 X.509 证书，以便于参与数据空间。不过，这也是潜在参与者在选定的用例中探索和测试数据空间功能的可能性。该层的另一种情况是使用一个受管理的连接器。它由一个经过全面评估的服务提供商运营，自我评估对于受管理的连接器的终端用户来说，是较低的准入门槛。

- 对参与者管理系统的评估是评估深度的下一个层次。该评估由独立的评估机构进行，分析申请人是否已经定义了管理系统，以及申请人是否按照定义的管理系统开展工作。评估深度通常包括访谈、现场审计、对某一时间点的信息和证据的示范性审查。

- 最深入的评估是对控制框架的分析。此类评估不仅包含对管理系统的审查，还包括对管理系统的运行有效性和申请人控制框架内定义的控制评估。通常涉及访谈、现场审计和基于随机抽样的证据收集活动。与管理系统评估一样，评估结果由认证机构批准。

安全要求的范围包括以下 3 个层次，所有的层次都建立在彼此的基础上。

- 入门级只包括数据空间的每个参与者需要满足的基本安全要求。入门级为有意尝试参与数据空间的中小型公司提供了一个低门槛参与的机会，不需要大量的前期投资，因此，该级别只与低成本的自我评估、对参与者管理系统的评估相结合。

- 会员级涵盖了所有相关的安全要求，以确保高级的安全水平，适合数据空间参考架构模型业务层中定义的大多数核心参与者：数据所有者、数据提供者、数据消费者、经纪人服务供应商、应用商店供应商、词汇表提供商、服务提供商。对于涉及敏感数据交换的大多数用例来说，该安全要求已经能够满足。

- 中央级是对打算在数据空间内执行关键功能和作用的数据空间参与者提出的特殊要求。因为角色担负着特殊的责任，任何安全漏洞都有可能影响整个数据空间或其主要部分，因此，要求具有强制性。具体来说，该要求适用于业务中定义的角色，即清算中心和身份提供者。

将完全合格的数据空间参与者区分为会员级和中央级的做法，是为了降低加入数据空间的成本和程序。

这两个维度形成了由 9 个字段组成的矩阵，每个字段都代表了评估深度和安全要求程度的组合。矩阵被数据所有者定义，需要由其他参与组织提供安全程度，以便允许他们获得和处理所有者的数据。由于这种认证方法的灵活性，数据所有者能够在他们的业务要求和能力的基础上，定制适合他们的认证。此外，其他参与者也可从该模式中受益。例如，一个新的参与者通过获得入门级和自我评估的证书，在降低的加入门槛中获益。此后，参与者可以在矩阵的任何方向上持续发展，以促进与其他参与者的合作。这种灵活性对初创企业和中小企业特别有帮助。另外，该矩阵使证书具有足够高的安全性，甚至对大公司或有严格安全要求的公司也是如此。因此，每个参与者能够决定数据交换所需的安全等级。数据空间中的角色与认证级别的关系见表 6-2。

表 6-2　数据空间中的角色与认证级别的关系

	入门级	会员级	中央级
数据所有者	需要	建议	可选
数据提供者	需要	建议	可选
数据消费者	需要	建议	可选
经纪人服务供应商	—	需要	可选
应用商店供应商	—	需要	可选
词汇提供者	—	需要	可选
服务提供者	—	需要	可选
清算中心	—	—	需要
身份提供者	—	—	需要

为了使参与者能够使用他们现有的证书，参与者认证标准目录是在现有的安全标准基础上开发的。由于数据空间的性质及其国家间的做法，鉴于 ISO/IEC 27001 标准在国际上使用广泛以及在信息安全方面的声誉[1]，选择了 ISO/IEC 27001 和 BSI C5（云计算合规性控制目录）标准。其中，BSI C5 标准是一个信息安全标准，是为云计算等现代 IT 环境开发的[2]。在这两个标准中，与数据空间有关的要求，表示对不同级别的适用性。此要求被分为 16 个部分，每个级别的要求数量不同。由于每个级别的要求是递增的，所

有入门级别的要求对会员级和中央级来说也是必要的，所有会员级的要求同样适用中央级。

6.3.2　认证标准的试点

为了验证数据空间参与者认证标准目录的完整性、适用性、可行性和相关性，以及参与者的认证过程，国际数据空间协会各成员进行了试点研讨会。研讨会由认证工作组组织，聚集工作组的参与者认证专家与公司的安全官员、合规官员。除了审计准备，该验证还为认证要求清单和相关调查问卷，提供了宝贵的反馈。

关于工作流程，工作组的专家为期一天的研讨会是作为检查工作而组织的，认证专家详细解释了认证过程。第二阶段通过一步步的数据记录，评估审计的准备程度，无需书面证据，只需要收集口头信息。这种方法使各方都能更好地了解参与者的数据空间准备状态，以及每个标准的重要性。研讨会的结果由评估负责人记录并分发给公司。匿名的结果将反馈给工作组认证。

关于标准本身的完整性和适用性，研讨会期间的深入讨论在某些情况下会导致对标准措辞的调整。此外，试点工作的反馈导致在评估深度和参与者认证的安全要求程度的维度矩阵中，出现一个新条目，即成员级别、管理系统。

6.3.3　参与者概述

本节总结了数据空间参与者的架构角色描述，以及如何适用参与者认证。

（1）核心参与者

数据提供者对其发布和提供的数据的完整性、保密性和可用性负责。对数据提供者采用的安全机制的评估和认证应提供足够的安全性，以防止相关安全要求（如数据完整性、保密性或可用性）被攻击破坏。

数据拥有者经常被认为充当着数据提供者角色。如果数据所有者和数据提供者是不同的实体（即数据所有者本身不发布数据，而是将这一任务交给数据提供者），那么数据所有者和数据提供者都要对数据的完整性和保密性负责。然而，在这种情况下，数据可用性的责任完全由数据提供者承担，前提是数据所有者已将数据移交给数据提供者。

对于非数据提供者的数据所有者来说，可以对所采用的技术、物理和组织安全机制进行评估和认证，防止数据完整性或保密性被攻击。

作为可以访问数据所有者提供数据的组织，数据消费者也对该数据的保密性和完整性承担责任（即确保数据不能以不受控制的方式离开数据空间，并且在使用前不能被破坏）。此外，数据消费者必须确保数据不会被用于许可以外的目的。针对所有风险，对数据消费者采用的技术、物理和组织安全机制的评估和认证，提供了足够的安全性。

（2）中介机构

防止敏感数据落入非法分子之手是数据空间计划的核心目标，因此，消除操纵身份的风险非常关键。由身份提供者处理的身份信息的完整性和可用性是最重要的。只有对各组织采用的安全机制进行评估和认证，与用于处理身份信息的软件组件相关的技术安全措施相结合，才能提供足够的安全性，来应对风险。

经纪人服务供应商、清算服务提供商、应用商店供应商和词汇提供者只处理元数据、交易或应用程序，即他们不处理数据空间中与元数据的保密性、完整性和可用性有关的，旨在保护敏感有效的载荷数据。然而，如果攻击者成功地破坏了元数据，或攻击在很长一段时间内都没被发现，那么元数据的可用性将能够对数据空间或目标参与者造成相当大的损害。因此，为了确保上述风险有完善的安全保障，必须对经纪人服务供应商、清算服务提供商、应用商店供应商和词汇提供者的具体风险情况和安全机制进行评估和认证。就应用商店供应商而言，存在一个额外的风险，即攻击者成功地用修改过的版本取代合法的应用程序，从而间接地威胁有效载荷数据。然而，应用商店实施的技术措施（如只有经过应用开发者加密签名的应用才能被接受和分发）似乎比应用商店供应商的组织措施，更能减少风险。

（3）软件与服务提供商

合规软件的提供者通常不接触敏感数据，而是用适当的、非敏感的测试数据执行测试。因此，在大多数情况下，不需要对组织安全进行认证。如果有必要访问数据空间的实际数据，软件供应商就会担任数据消费者或数据提供者的角色。在这种情况下，适用相关角色的认证要求。

如果参与者本身没有部署参与数据空间所需的技术结构，它可以将某些任务，如在数据空间发布其数据，外包给托管所需基础设施的服务提供商。如果是这种情况，该服务提供商担任数据提供商、数据消费者、经纪人服务供应商等角色，并执行相应活动。他们继承了原角色的责任和风险，因此，应受制于有关的认证要求[3]。

6.4　核心部件认证

为了确保预期的跨行业和跨公司的信息交流，试验数据空间的核心组件必须提供所需的功能和适当的安全水平。因此，核心组件的认证以互操作性和安全性为重点，旨在加强组件的开发和维护。

与参与者认证类似，数据空间核心组件的认证方法见表 6-3。一方面确立了适合中小企业的低准入门槛，另一方面确保了可扩展的认证，满足信息安全的高质量要求。

表 6-3　数据空间核心组件的认证方法

	核对表的方法	概念回顾	高保障评估
基本安全概况	是	是	—
信任安全概况	—	是	是
Trust+安全简介	—	是	是

评估的细化程度，包括以下数据空间认证计划所规定的 3 个保证级别。

- 核对表的方法：核心组件必须满足检查表所定义的安全特性（安全要求、安全属性、安全功能）。该组件的供应商验证了关于实现的主张。此外，一个自动测试套件将被用来验证组件的安全功能。

- 概念回顾：取代核对表的方法，由数据空间评估机构进行深入的重新审查是必要的。该审查包括对所提供的概念以及实际功能和安全测试的评估。

- 高保障评估：对于第 3 级，除了功能和安全测试，供应商必须提供所有与安全有关的组件的源代码，并由评估机构进行深入的源代码审查。此外，开发过程将被评估，包括对开发现场的审计。

每当两个组件建立一个通信通道时，由它们决定向通信伙伴发送哪些信息。因此，身份和认证级别（参与者和组件）必须由每个组件以包含这些信息的数字证书的形式提供。与参与者的认证一样，这种方法使数据所有者和数据消费者能够指定在数据交换过程中使用的核心部件所需的安全状况。

为此，数据空间认证方案为第 5 章定义的核心组件定义了 3 个安全配置文件。

- 基本安全概况：此配置文件包括基本的安全要求：软件组件的有限隔离，安全通信（包括加密和完整性保护），组件之间的相互认证，以及基本的访问控制和记录。然而，既不需要保护与安全相关的数据（密钥材料、证书），也不需要信任验证。持久性数据没有被加密，容器的完整性保护也没有被提供。因此，该安全配置文件是为单一安全域内的通信而设的。

- 信任安全概况：此类情况包括软件组件（应用程序或服务）的严格隔离，在隔离的环境中安全存储加密密钥，安全通信包括加密、认证和完整性保护、访问和资源控制、使用控制和可信的更新机制。所有存储在持久性介质上或通过网络传输的数据必须加密。

- Trust+安全简介：这个配置文件需要基于硬件的信任锚（以 TPM 或硬件支持的隔离环境的形式），并支持远程完整性验证，即远程证明。所有的密钥材料都存储在专用的硬件隔离区。

6.4.1　认证标准目录

标准的协同作用如图 6-3 所示，数据空间认证标准目录分为 3 个主题部分，即数据空间的具体要求、来自 ISA/IEC 62443-4-2 行业标准的功能要求和安全软件开发的最佳实践要求。

每个标准部分都对应一组评估目标。

数据空间的具体要求旨在评估核心组件与数据空间参考架构模型的一致性，包括功能（如支持数据空间信息模型）和安全（如与数据空间安全架构的一致性）。要求取自 ISA/IEC 62443-4-2，与所实施的功能和安全措施与工业自动化和控制系统的全行业公认的要求有关，例如，在认证过程中对认证信息进行模糊反馈的能力。

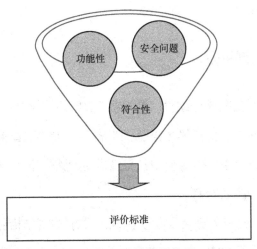

图 6-3　标准的协同作用

为了完善该目录，最佳做法是提高安全软件开发的要求，旨在评估组件开发过程中的安全性，如设计文件、物理安全措施和测试过程。

为了降低数据空间参与者和核心部件开发者的财务准入门槛，部件认证方法旨在合理使用现有的认证计划。如果这种认证计划不存在或没有得到广泛认可，例如，对于数据空间的特定方面，将采用数据空间认证计划中定义的标准。

要评估的核心组件的功能和安全要求将根据数据空间参考架构模型、具体的组件规范以及广泛认可的要求目录（如 ISA/IEC 62443-4-2）来定义，如数据保密性和系统完整性等功能要求。

要求采取 ISA/IEC 62443-4-2 中定义的组件，并在整个生命周期中使用适当措施，也可以支持和促进各种保证级别的评估。例如，使用彻底征求安全要求的方法，在架构级别执行安全要求（如使用安全设计），并跟踪它们到安全实施层面，由可靠的指导文件、核查和验证方法，以及安全缺陷管理和安全更新管理支持。

6.4.2　认证标准的试点

为了验证数据空间核心组件"连接器"的认证标准目录对现实世界实施的完整性和适用性，以及构建数据空间准备的完整度，国际数据空间协会各成员进行了试点研讨会。研讨会由认证工作组组织，汇集了数据空间认证专家、开发人员和产品所有者。

在研讨会上，逐步浏览目录和研究满足要求的实施措施以及现有的开发人员文档，对连接器的实施进行了评估。这种方法使各方都能更好地了解被评估的实施方案的数据空间准备状态。研讨会的结果由评估负责人记录并分发给开发者。匿名的结果被反馈给工作组认证。

关于需求本身的完整性和适用性，研讨会期间的深入讨论在某些情况下使需求措辞得到调整，增加了新的需求或删除了不适用的需求（完全或针对特定的安全配置文件）。因此，每次试点研讨会都会产生新版本的需求目录。

6.4.3　认证组件概述

本节总结了要评估的数据空间核心组件，具体如下。

（1）连接器

作为数据空间的接入点，连接器为处理和交换数据提供了一个受控环境，确保数据从数据提供者向数据消费者的安全传输。因此，对数据空间参考架构模型和连接器规范所要求的功能的正确和完整实施的必要信任，只能通过经批准的评估机构和数据空间的认证机构的独立评估和认证来确保。

（2）经纪人

经纪人服务不能访问主要数据，只能访问由数据提供者提供的元数据，这通常被认为是不太敏感的。同样地，经纪人服务不分配或执行访问权限，而是只支持数据交换。然而，元数据的完整性和可用性（即元数据正确、安全地存储和处理）对于数据空间来说是非常重要的，因此，需要对与认证机构定义的所需功能的兼容性进行评估和认证。

（3）应用程序和服务

数据应用和服务与主要数据直接衔接，这意味着一个被破坏的数据应用或服务可能会损害数据的完整性。然而，数据的保密性和可用性是由数据空间安全架构中定义的措施来保证的，这些措施极大地限制了数据应用和服务所造成的潜在损害。

此外，应用程序和服务通常使用连接器提供的安全功能，因此，并不是每一个在数据空间提供的数据应用或服务都需要中度或高度级别的认证。然而，上述基本安全级别的自动测试套件将被纳入每个数据空间应用商店的上传过程中。

（4）应用商店

虽然应用商店本身并不直接接触主要数据，但它们提供的应用程序和服务会直接接触。如果应用商店的安全受到破坏，特别是在应用程序和服务上传期间使用的测试套件，可能会导致受损的应用程序和服务不流通。因此，相关机构会评估和认证应用商店功能的安全性兼容性。

（5）硬件设施

数据空间参考架构模型中定义的某些安全配置文件，需要额外的硬件安全组件来实现对敏感数据访问的适当保护水平。除了数据空间的核心软件组件，这些硬件组件也必须在认证的背景下予以考虑。为了提高信任度，并避免重复认证，将需要使用第三方认证的硬件组件，如根据保护配置文件 BSI-CC-PP-0030-2008 或 ANSSI-CC-PP-2015/07 认证的可信平台模块。数据空间对组件的认证活动将限于检查现有基础证书的有效性。

6.5　认证过程

数据空间生态系统内的参与者和核心部件应提供足够高的安全性，以保证数据空间中处理的数据的完整性和保密性。因此，参与者和核心部件的认证是强制性的。参与的伙伴是申请人、评估机构和认证机构。认证过程分为以下 3 个阶段。

6.5.1　申请阶段

这一阶段的主要目标是成功启动数据空间认证程序。数据空间认证——申请阶段示意图如图 6-4 所示，申请阶段需要执行以下程序。

- 任何申请人的认证程序都是从申请人触发认证程序开始的。
- 在触发认证程序之前，申请人和评估机构或申请人和认证机构之间可以进行一次选择性协商。主题包括介绍评估机构的测试能力和测试程序，或认证机构对数据空间认证过程和认证标准的建议。

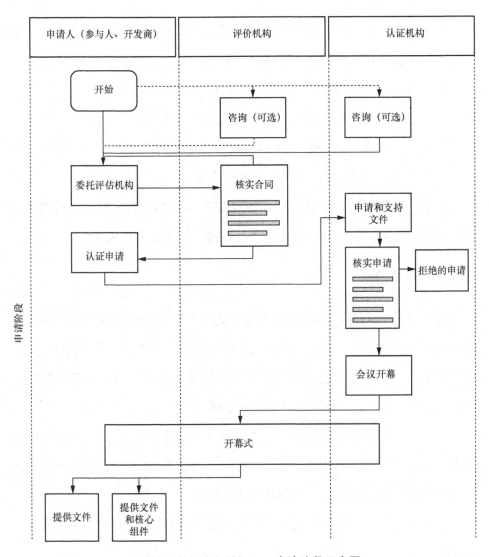

图 6-4　数据空间认证——申请阶段示意图

- 申请人必须联系一个被批准的评估机构，根据数据空间的认证模式进行评估。评估机构的选择由申请人决定。
- 申请人必须申请认证，以触发认证程序的开始。

- 申请人必须提供必要的证据，以便认证机构确认其申请。譬如，包括以下文件：公司简介、当前的证书清单、重新认证时变更的详细信息。
- 认证机构的这种确认可能会导致申请被拒绝。在这种情况下，认证过程到此为止，没有评估机构的审查或证书的颁发。
- 如果申请被接受，评估程序将被打开，所有参与的伙伴（申请人、评估机构、认证机构）将有一个启动仪式。

对于下一阶段（评估阶段），申请人必须向评估机构和认证机构提供必要的文件，如果是核心部件认证，还必须提供带有必要相关文件的部件。

6.5.2 评估阶段

这个阶段的主要目标是根据定义的认证标准对参与者或数据空间核心部分进行评估。如果有必要，申请人需要采取纠正措施，以获得认证。在这个阶段主要涉及的各方是申请人和评估机构，数据空间认证——评估阶段示意图如图 6-5 所示，评估阶段包括以下步骤。

评估机构负责在认证期间进行详细的技术和组织评估工作。评估的基础是参与者认证的认证标准目录或组件的标准目录，包括执行所有必要的测试和现场检查，其细节取决于所选择的认证级别。

评估机构在评估报告中记录详细的结果，该报告的接收者是申请人和认证机构。

如果发现偏差，将执行纠正措施。实施纠正措施是申请人的责任。此后，有必要重复检查。只有在严重缺陷的情况下，才需要重新进行现场检查。

评估由认证机构监督，以确保数据空间认证计划的正确实施和执行。

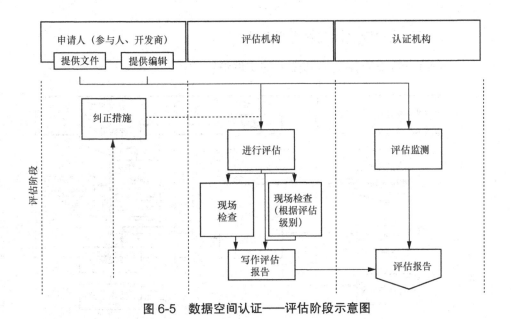

图 6-5　数据空间认证——评估阶段示意图

这一阶段的结果是由评估机构创建的评估报告，该报告在下一阶段为认证机构服务作为批准证书的决策依据。

6.5.3　认证阶段

这一阶段的主要内容是认证机构对评估报告的审查，以及如果评估结果通过，将含颁发证书的过程。该阶段主要由申请人和认证机构参与，数据空间认证——认证阶段示意图如图 6-6 所示，认证阶段包括以下步骤。

- 认证机构收到评估机构的评估报告，并负责关于授予或拒绝认证的最终决定。如果需要采取纠正措施和重新审查，将提供新的评估报告。
- 如果不能签发证书，程序将被终止，申请人将收到拒绝通知。
- 如果评估通过，申请人将被确认为符合数据空间标准。认证机构颁发证书，触发 X.509 证书的生成，并在线公布证书和认证报告。

- 认证机构对程序性文件进行存档。

- 申请人负责对评估期间使用的文件进行归档[4]。

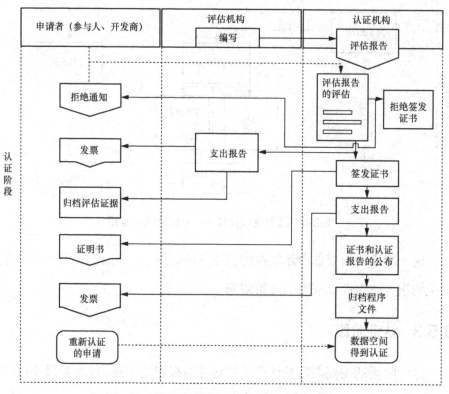

图6-6 数据空间认证——认证阶段示意图

参考文献

[1] ISO/IEC 27001: information security, cybersecurity and privacy protection information security management systems requirements[S]. 2022.

[2] BSI. Cloud computing compliance criteria catalogue[S]. 2020.

[3] OTTO B, STEINBUSS S, TEUSCHER A, et al. IDS reference architecture model (Version 3.0)[R]. 2019.

[4] International data spaces association. IDS-RAM4.0[DB]. 2023.

第7章

数据空间的实践进展

数据空间的实践正在快速发展，已经有众多的举措、标准、框架和工具在开发和应用数据空间。在数据空间实践中，既有针对特定行业和区域的应用，也有跨国界和全球范围的倡议和标准制定。随着数字化转型的深入推进，数据空间将在全球范围内发挥越来越重要的作用，推动数据共享、创新发展和社会进步。

鉴于数据空间领域举措数量众多，且各自的目标和成熟度不同，本章将分析介绍数据空间的国内外重点实践与用例。

7.1 粤港澳大湾区：科研科创数据空间

7.1.1 实践背景

《粤港澳大湾区发展规划纲要》提出，"推动教育合作发展，支持粤港澳高校合作办学，鼓励联合共建优势学科、实验室和研究中心。"近年来，大湾区教育交流合作的深度和广度不断拓展。与此同时，粤港澳高校合建实验室、与产业界共建联合研究院等加快了合作步伐，同时也产生了安全有序数据跨境流通与数据共享的需求。

当前，需要完善的数据基础设施和数据技术来服务数据的便利化流通和共享。粤港澳大湾区科研科创数据空间项目以大湾区科研科创场景下的数据流通及共享为目标对象，通过综合应用数据基础设施、数据基础技术及内嵌规则的数据管理能力，建设科研科创领域全球首个跨法域的数据空间，形成一套技术体系、一套数据流通模式，以及一个典型应用，全面实现数据流通的便捷性与有序性，为科学研究、医疗健康、智能网联汽车、跨境电子商务、金融等行业数据流通共享提供应用借鉴价值。

7.1.2　合作成员

粤港澳大湾区科研科创数据空间实践涉及高校、创新企业与研究机构、基础网络建设及运营服务商等多方合作成员。其中，高校有香港科技大学（广州）、香港科技大学、香港中文大学（深圳）、香港中文大学、北京师范大学 - 香港浸会大学联合国际学院（珠海）、香港大学、香港大学经管学院、澳门科技大学、澳门科技大学珠海研究院、下一代互联网粤港澳创新中心等。

7.1.3　实践用例

在此基础上，澳门科技大学本部、珠海澳科大科技研究院（下一代互联网国际研究院南沙分院）之间开展科研数据跨境流动项目，提出"规则+管理+技术"一体化的解决方案，打通个人资料向内地 - 澳门科研数据流通与共享通道。澳门科技大学数据治理平台"规则+管理+技术"解决方案如图 7-1 所示。"基于'澳门科技大学科研数据跨境流动管理系统'的科研工作和管理业务所涉及的个人信息处理活动"项目，通过中国网络安全审查技术与认证中心等权威机构的技术验证和现场管理审核，荣获全国首张"个人信息保护认证"证书（证书编号：CCRC-PIP-0001）。同时，该项目还获得澳门特别行政区政府个人资料保护办公室颁发的"个人资料跨境转移许可"，意味着该项目所采取的技术和组织保障措施亦达到了澳门特别行政区《个人资料保护法》的要求。

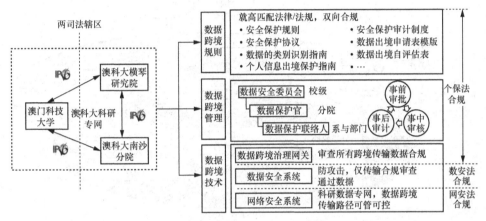

图 7-1　澳门科技大学数据治理平台"规则+管理+技术"解决方案

围绕探索数据跨境安全有序流动的高效机制，构建科研领域的"中国澳门-欧盟数据跨境流动通道"，在澳门科技大学下一代互联网国际研究院与弗劳恩霍夫软件与系统技术研究所之间形成科研数据跨境流动安全管理实践。其中，"中国澳门－欧盟科研数据跨境流动实践"案例入选 2022 年世界互联网大会"携手构建网络空间命运共同体精品案例"。

粤港澳大湾区科研科创数据空间实践仍在进一步拓展。此背景下，项目将协同粤港澳大湾区高校搭建数算协同的创新网络，以 IPv6、数据空间为技术底座，实现科研机构间和产学研生态内高价值数据的安全流通分享，同时融合算力基础设施，支撑高校等科研科创机构之间的科研协作需求，科研先行，驱动创新，形成可复制的数据流通、共享、交易模式，向更多区域的各类主体开放。全面打造粤港澳大湾区科研科创数据空间，推动技术创新，加速数算协同。

共建粤港澳大湾区科研科创数据空间示意图如图 7-2 所示。

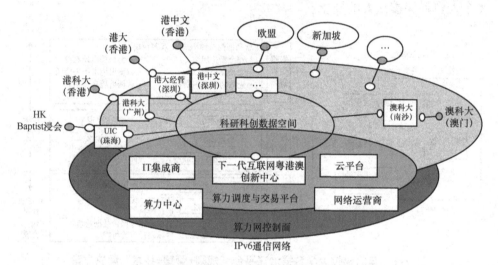

图 7-2　共建粤港澳大湾区科研科创数据空间示意图

7.2　卡奥斯 COSMOPlat：智能制造领域数据空间

7.2.1　实践背景

目前，数据已成为工业领域的重要生产要素。数据要素的高质量应用与互联互通，能够加速工业企业的数字化转型。卡奥斯 COSMOPlat 高度重视工业数据能力的建设，以"大连接、大数据、大模型"为核心能力的新一代工业互联网平台，重塑了从数据采集到智能转化的全流程。

"大连接"是工业数据的起点，自研嵌入式实时操作系统与开放式工业互联协议，打通了工业互联网到工业现场的"最后一公里"。工业现场的数据能够全时、全程、全量地接入卡奥斯工业互联网平台,高效连接了物理世界与数字世界。

"大数据"是工业数据的处理中枢。卡奥斯 COSMOPlat 研发了现代工业数据栈,通过轻量化的数据处理技术高效、实时地处理海量数据;通过已经积累的数据算法,持续地从工业大数据中提取高质量的工业知识。

"大模型"是对工业数据的深层次价值挖掘和转化,在开源通用大模型的基础上叠加工业知识,形成了可私有化部署的"工业大模型"。

数据要素在企业间流通是实现数据增值的有效途径,卡奥斯 COSMOPlat 结合隐私计算、区块链等技术,建设了企业数据交换、共享的技术体系,积极参与工业数据空间等项目,引导数据要素在产业链上下游、政企/银企间的高效流通。

7.2.2 合作成员

卡奥斯 COSMOPlat、Fraunhofer ISST。

7.2.3 实践用例

卡奥斯物联科技股份有限公司成立于 2017 年 4 月,致力于成为引领万物互联时代数字化变革的科技企业。基于海尔近 40 年制造经验,首创了以大规模定制为核心、引入用户全流程参与体验的工业互联网平台——卡奥斯 COSMOPlat,构建了跨行业、跨领域、跨区域立体化赋能新范式,赋能多个行业数字化转型升级。

卡奥斯 COSMOPlat 在数据空间方面的探索起步较早,2020 年加入了国际数据空间协会。卡奥斯物联科技股份有限公司参与撰写国际数据空间专著 *Designing Data Spaces*(《数据空间设计》),完成卡奥斯 COSMOPlat 和 Gaia-X 架构融合可行性分析研究、测试床研究,案例入选 IDSA 案例雷达。卡奥斯

COSMOPlat 还将加入国际数据空间协会的更多工作组，携手生态伙伴，促进数据价值创造，为推动数据空间的构建和发展提供了理论基础和实践参考。

数字时代推动了"智能家居"的出现，用户体验成为企业成功的新基准。在洗衣场景，洗衣过程的自动化和持续优化升级，可提高用户的满意度和忠诚度。数据驱动的创新带来了新产品，但数据收集极易侵犯隐私，导致用户缺乏信任，分享数据的意愿不强。

卡奥斯 COSMOPlat 将自身平台能力、海尔洗衣机生产能力与 IDS 技术相结合，可确保数据收集过程中的数据主权，使参与者共享数据，却不失去对数据的控制。

本用例通过传感器收集衣物材质、水量、洗涤剂量、程序运行等信息，并将这些信息发送到平台，通过数据分析和机器学习，持续优化洗涤程序，再发回洗衣机。每个组件间的数据传输均通过 IDS 连接器，依托 IDS 功能对数据进行主权处理，用户通过手机 App 即可设置数据使用规则，控制自己的数据。

数据分析和程序优化可推动洗衣机的自动化升级，为用户带来更优质的洗衣体验，节省能源、时间和成本，运行数据也为制造商改进产品和服务提供了依据。

7.3 华为：鲲鹏/昇腾生态数据空间

7.3.1 实践背景

未来的产业生态发展要求华为与生态伙伴的合作从单纯的买卖关系升

级到端到端的深度协同。生态内协同的本质是数据的协同，所以必须先实现数据的有效流通，才能提升产业生态链的竞争力。在典型的生态型业务——华为鲲鹏/昇腾中，参与企业都已经意识到了数据流通对于生态链共生共赢的重要性，但是不论是从提供数据还是使用数据的角度，现有的保护措施已经很难满足生态发展的实际需求。鲲鹏/昇腾生态中典型数据交换需求与现状问题如图 7-3 所示。

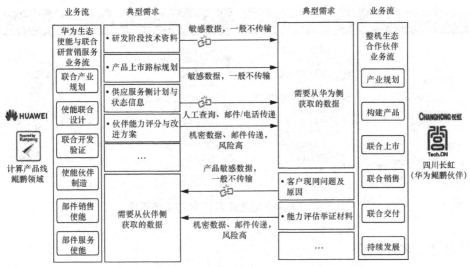

图 7-3 鲲鹏/昇腾生态中典型数据交换需求与现状问题

基于鲲鹏/昇腾生态的业务需求，围绕数据提供和数据使用这两类关键角色，生态数据流通的主要诉求有 3 点：一是建立一套信任机制，保障生态内数据流通环境及参与方的可信任性；二是构建一系列完善的数据管控措施，方便数据提供方有效约束数据的使用；三是创建一个存证和监管的体系，详细记录数据的使用行为，以便数据使用方自证清白。

针对鲲鹏/昇腾生态业务中的问题和诉求，华为构建了企业数据交换空间（Enterprise Data Space，EDS），实现了数据流通的"可信、可控、可证"。

7.3.2 合作成员

鲲鹏/昇腾产业生态数据空间于 2021 年 9 月上线使用，截至 2024 年 4 月，已包含 15 个参与方（华为 2 个，生态伙伴 13 个），上架 25+数据交换资源，应用 21+使用控制策略，累计数据交换量 14000+次。鲲鹏/昇腾生态数据空间业务概况如图 7-4 所示。

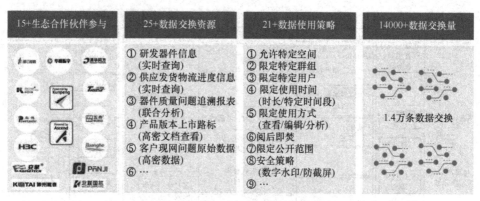

图 7-4　鲲鹏/昇腾生态数据空间业务概况

7.3.3 实践用例

鲲鹏/昇腾产业生态中，数据的交换以华为为中心，涉及众多整机合作伙伴。鲲鹏/昇腾生态数据空间部署方案如图 7-5 所示。以四川长虹集团为例，EDS 做了如下部署。

（1）为华为和长虹部署独立的数字连接器（Connector）

Connector 是每个企业进行数据交换的关键部件。华为使用的 Connector 部署在内部的华为 IT 服务（Huawei IT Service，HIS）云上；长虹是外部企业，有自己独立管理的诉求。长虹案例选择了在华为 HIS 上独立部署 Connector 的方式，而非在华为企业数字化服务（Huawei Enterprise Digital

Service，HEDS）上独立部署 Connector。此部署方式有两个好处：一是长虹仍然可以接入专属于它的 Connector 中，对用户、资源、交换进行单独的管理；二是随着业务继续发展，后续也支持长虹迁移到 HEDS 上。

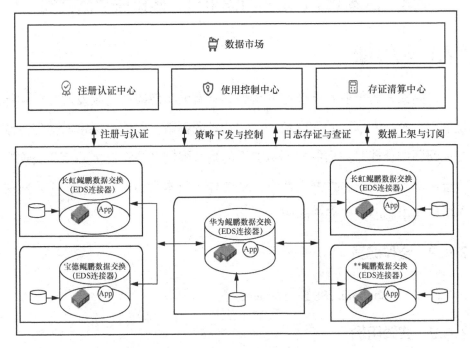

图 7-5　鲲鹏/昇腾生态数据空间部署方案

（2）华为和长虹可以接入统一的公共服务

注册认证中心、使用控制中心、存证清算中心、数据市场等模块组成的业务公共服务，对华为和长虹开放，双方用户都可以通过这些公共服务查询业务参与各方的身份认证信息、确认各方的使用策略规则、追溯数据使用方对数据的使用记录，以及对双方自身用户操作进行合规检查等。

部署方案通过华为与长虹的实践得到了验证。因而，业务侧很快将鲲鹏/昇腾生态中的整机伙伴都卷入进来，快速为各企业部署独立的

Connector，最终形成了一个以华为鲲鹏/昇腾为中心，连接众多整机伙伴的生态数据空间。

7.4 日本 NTT 智能数据平台：碳排放数据空间

7.4.1 实践背景

跨国家、跨行业和跨公司的数据共享有助于解决可持续发展目标中提及的重大社会问题，并促进新兴数字业务的创新。然而，保密和信任等结构性问题和全球对数据保护不断加强的趋势限制了公司自由共享和交换有助于解决此类问题的数据。其中，NTT 作为日本大型电信公司，重点解决由碳排放引起的气候变化问题。

7.4.2 合作成员

NTT、Fraunhofer ISST、Siemens 等。

7.4.3 实践用例

为了使数据能够自由流动，NTT 一直致力于通过使用智能数据信任平台（Smart Data Platform with Trust）来确保数据自主权和网络安全。

该平台是由日本电信运营商 NTT 开发的数据基础设施，能够在利益相关者之间达成共识的基础上实现安全和可信的数据共享。利用智能数据平台与信任，NTT 已经在日本、瑞士和德国之间建立了测试平台，以展示二氧化碳的减排和循环经济的用例。该用例使不同地点的无人机产生的电力消耗可视化。为此，它使用了来自德国和瑞士制造过程的可信数据交换。这个测试平台还表明，当合作伙伴使用 Gaia-X 和 IDSA 的核心技术（即数据空间连接器）时，日本和欧洲之间的数据共享是可能实现的。

　　NTT 跨越国界选择二氧化碳排放量最低的生产基地项目情况如图 7-6 所示。

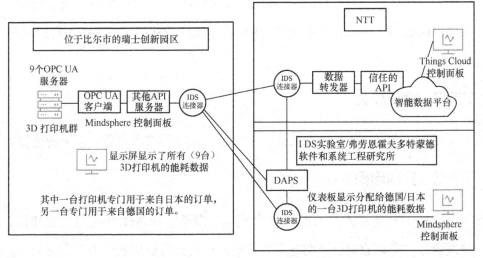

图 7-6　NTT 跨越国界选择二氧化碳排放量最低的生产基地项目情况

7.5　Catena-X：汽车行业数据空间

7.5.1　实践背景

　　由于供应链中的"数据孤岛"和信息不畅通，该车行业中存在诸多问题。各个环节的数据无法实现即时共享和互通，导致生产、物流、销售等环节之间缺乏有效沟通和协作，容易出现信息不对称、生产计划不协调、资源浪费等情况，影响整个供应链的效率和灵活性。此外，由于数据不共享，企业难以实现供需匹配和快速响应市场变化的能力，无法灵活调整生产和供应计划，影响了企业的竞争力和市场反应速度。缺乏有效的数据共享机制也会限制企业在供应链协同、物流管理、质量控制等方面的提升空间，制约了整个行业的发展潜力。

为解决汽车行业供应链数据不共享的问题，可以建立更加开放、高效的数据共享和流通的数据空间生态体系，推动各个环节之间信息流畅、透明，实现供应链的协同优化和智能化管理，提升整个行业的竞争力和可持续发展能力。

7.5.2　合作成员

奔驰、大众、宝马、保时捷、亚马逊、微软等汽车产业链上下游公司。

7.5.3　实践用例

Catena-X 项目由戴姆勒和大众汽车、宝马、保时捷等共同发起建设，并向全球汽车产业链上下游各主体开放，目前已有全球超过 160 个参与方。Catena-X 项目基于数据空间技术架构建设运行了汽车数据流通共享平台，该平台为各参与方提供了数据交换共享的统一标准、身份认证和分布式的交互架构，可实现从汽车材料、零件到整车的整个生产工序中，二氧化碳总排放量、动力电池生命周期、零部件等数据的积累、分析以及溯源。

Caneta-X 汽车行业数据空间项目情况如图 7-7 所示。以电池护照为例，企业可通过 Caneta-X 汽车数据流通共享平台全面掌握电池单元和电池组的全生命周期信息，包括电池运行状态、身份信息、组件信息、生产制造信息、所属供应商信息等，有助于实现电池产业链的上下游协同，保障新能源汽车的运行安全，以及清洁能源的回收再利用，减少碳排放。

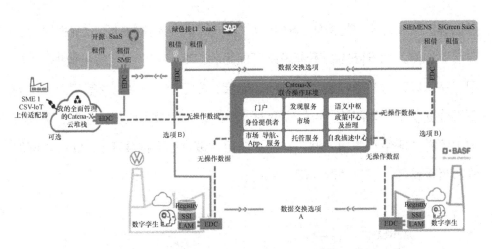

图 7-7　Caneta-X 汽车行业数据空间项目情况

7.6　SAP：制造业供应链数据空间

7.6.1　实践背景

在多层次的供应链中，质量管理数据的共享存在延迟。信息在传递到下一层之前需要进行重复的数据积累导致了这种延迟。因此，制造商们不容易及时发现系统性的质量缺陷，从而导致他们继续生产有缺陷的产品。此外，由于缺乏激励措施，所需的数据总是无法实现共享。例如，在汽车领域，在修理厂发现的质量问题只有在保修期内发生的时候，问题才会传达给制造商。

7.6.2　合作成员

SAP、汽车修理行业中小型企业等。

7.6.3　实践用例

SAP 利用数据空间数据共享概念，通过提供智能数据应用程序来改进业务流程，促进跨公司的协作。SAP 以"协同保修和质量管理"应用程序为例说明了如何鼓励维修店在不考虑是否保修的情况下分享车辆质量数据。该应用程序可以改善整个制造供应链的透明度，任何层级的供应商都可以从不同下游分支获得质量问题。当供应商对这些问题进行根本原因分析时，可以集成上下游的质量和使用数据，并根据使用政策进行数据共享。SAP "协同保修和质量管理"项目情况如图 7-8 所示。

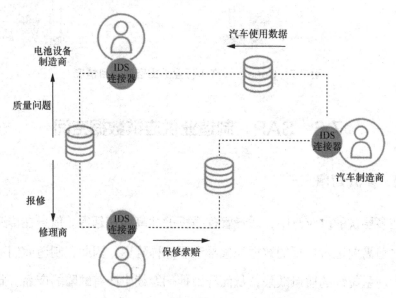

图 7-8　SAP "协同保修和质量管理" 项目情况